SV

Andreas Neumeister
Könnte Köln sein
Städte. Baustellen. Roman

Suhrkamp

für/for Gordon Matta-Clark

Druck: Memminger MedienCentrum AG
Printed in Germany
Erste Auflage 2008
ISBN 978-3-518-41919-9

1 2 3 4 5 – 12 11 10 09 08

Titelkupfer: Gigant, sich
über einer idealisierten
Stadtlandschaft erhebend,
in der Rechten das Schwert,
in der Linken den
Bischofsstab

Abb.: Adam baut die Urhütte

Abb.: Die Urhütte

Aus dem Wasser ans Land gekrochen. Auf dem Umweg über das Reptil zum aufrechten Gang gefunden. Im Schutz von Bäumen übernachtet. Wo es Höhlen gab, in den Schutz von Höhlen gekrochen. In den tiefsten Höhlen überwintert. Horden gebildet. Immer wieder die Kontinente gewechselt. Auf dem Umweg über Landbrücken und Pässe weites Neuland besiedelt. Vom Urknall über den Urschrei zur Urhütte gefunden. Das Feld vor der Hütte als Anlass genommen, sesshaft zu werden. Gesellschaftsvertrag. Dörfer gebaut. Fehden gefochten, Schanzen gebaut. Kriege geführt. Grenzen gezogen, Mauern errichtet. Neue Säue durch neue Dörfer getrieben. Gräben gegraben, Mauern geschliffen. Entdeckungen gemacht und Hürden übersprungen. Dabei immer wieder in den Regen geraten. Auf dem Umweg über die Geschichte immer wieder in die Geschichtslosigkeit zurückgefallen. Auf dem Umweg über Abgründe immer wieder festen Boden unter die Füße bekommen. Städte gegründet und Handel getrieben. Immer größere Ansiedlungen geplant. Staaten gegründet. Kriege geführt. Meere überwunden und aus fernen Kontinenten unerhörte Schätze mitgebracht. Sklaven verschifft und weiterverkauft. Städte befestigt und Burgen geschleift. Neue Waffen erfunden und Kirchen geweiht. Schulen errichtet, Kasernen gebaut. Niederlagen beweint. Siege gefeiert. Immer wieder aufgerappelt und von Neuem gestrauchelt. Gold eingeschmolzen und Münzen geprägt. Dächer geflickt und Paläste angezündet. Vom Land in die Städte geflüchtet. Fabriken hochgezogen, Produkte verkauft. Eisenbahnlinien in die Landschaft getrieben und um neue Bahnhöfe neue Siedlungen erichtet. Baumschulen gegründet, Hecken gepflanzt

wo waren wir stehengeblieben?

Brieftauben, schreibt der weltkundige Wissenschaftsteil heute, nutzen gerne das Straßennetz zur Orientierung. Offensichtlich folgen die Tiere lieber Autobahnen oder Schienen, als sich nach ihrem angeborenen Orientierungssinn zu richten – selbst wenn es für sie einen Umweg bedeutet. Dies fand der britische Verhaltensforscher Tim Guilford heraus, als er eine Reihe von Testflügen auswertete, auf die er mehrere Vögel mit einem kleinen Sender geschickt hatte. Wir beobachteten, wie die Tauben großen Ausfallstraßen gefolgt und sogar an Kreuzungen abgebogen sind, wird der Wissenschaftler in der Donnerstagsausgabe der britischen Times zitiert. Einer der Vögel sei sogar einem Kreisverkehr gefolgt. Guilford vermutet, dass die Brieftauben ihren eingebauten Kompass nur bei Langsteckenflügen und auf unbekannten Strecken einsetzen. Auf gewohnten Wegen ziehen sie es vor, sich nach einfachen Orientierungsmarken wie Autobahnen zu richten. Ein erneuter Beweis für die Anpassungsfähigkeit von Tieren, so der im Wissenschaftsteil zitierte Ornithologe

Straßen gebaut und Imperien gegründet

Wenn alle Wege nach Rom führen, dann müssten erst recht auch sämtliche Autobahnen nach Rom führen. Immerhin zwei der fünf vom am nördlichen Fuß der

Alpen gelegenen Basislager in fünf Windrichtungen strebenden Autobahnen führen letztendlich über Brenner und Alpen auf direktem Weg nach Rom

Von verschiedenen Moränenhügeln aus den Bau der Garmischer Autobahn mitverfolgt. Bei Exkursionen zu Baustellen immer gerne mit dabei. Operation am offenen Herzen einer bewegten Landschaft. Baustelle mit Alpenblick: Immerhin ist Vater Ingenieur beim Bau der Autobahnbrücke über Loisach und Loisach-Moos gewesen. Immerhin ist die Ohlstätter Brücke Vaters Lieblingsbaustelle gewesen. (Spannbeton – es kommt darauf an, was man daraus macht.) Karin-Stoiber-Tunnel bei Farchant. Einschlägige Bauten, Olympiade 1936. Garmisch bleibt rechts liegen. Garmisch kann uns gestohlen bleiben. Mittenwald wird aufgeständert umgangen. Kasernen im Heimatschutzstil, Jäger, Gebirgsjäger alles aus der Guten Alten Zeit

Großkampfstätten des Wintersports: a.) Garmisch b.) Innsbruck. Die Isar als Wildbach verschwindet unter einer Brücke nach rechts. Seefeld schon auf der Höhe vom Brenner. Der Zirlerberg führt hinunter in den Abgrund. Vom Seefelder Sattel hinunter nach Innsbruck am Inn. Energieverschwendung. Eine Stadt, die ich als Kind gerne verfluchte. Das Goldene Dachl. Städte in tief eingeschnittenen Tälern gehören verboten. Zum Wohl und Schutz ihrer Bewohner. Die Stadt, ein Flughafen zwischen Inntalautobahn und Brennerautobahnzubringer gequetscht. Die neue Hungerburgbahn: irakische Architektin! Die neue Brücke der Hungerburgbahn über den Inn. Rechts ab. Bergisel Ski Jump. Das Beste an Innsbruck ist nicht das Goldene Dachl. Das Beste an Innsbruck war nicht die gewonnene Schlacht gegen

Franzosen und Bayern. Das Beste an Innsbruck ist Frau Hadids neue Sprungschanze. Vier-Schanzen-Tournee: Wegen Zaha Hadids neuer Sprungschanze zum ersten Mal ein echtes Skispringen in Echtzeit am Fernseher verfolgt. Wer hat gewonnen? Zaha Hadid. Schlacht am Bergisel. Wer hat gewonnen? Am besten sieht die Schanze in der Dämmerung aus, wie sie da erleuchtet aus dem finsteren Schlachtwald emporsteigt und als schick behelmter Kopf nach Süden schaut. Den windschnittigen Kopf frisch gewaschen gegen den Wind stemmt. (Föhn, der aus dem Süden ins Tal pfeift)

The Europabruecke (Bridge Europe), located just outside of Innsbruck, a few kilometers north of the Brenner Pass, is a large concrete bridge carrying the six-lane autobahn over the valley of the Sill River. 180 meters tall and 820 meters long, it was celebrated as a masterpiece of engineering upon its completion in 1963

Ingenieursbaukunststück Europabrücke. Irgendein Rekord zu ihrer Zeit. Riesige Spannweite in Beton und Spannstahl gemeistert

Den sanften Schwung der Brennerautobahnbrücken sieht man nicht von der Autobahn. Den sanften Schwung der Brennerautobahnbrücken sieht man am besten von der weit ausholenden Bundesstraße. (Vater hat nie Stahlbrücken gebaut, Vater hat immer nur Spannbetonbrücken gebaut, Vater hat meistens gerade Brücken gebaut)

Habich, Olperer, Pflerscher Tribulaun, Alpenhauptkamm

die Architektur der Alpen selbst
die Architektur des Alpenhauptkamms

Den Brenner hinauf. Kein Halt mehr am Brenner. Die hässlichste Passhöhe von allen. Achtstöckige Baracken, graubraun. Die verwaisten Gebäude sehen verwaist noch überdimensionierter aus. Passhöhe sagt: von hier an führen alle Wege bergab Richtung Ebene und Meer. Den Brenner wieder hinunter

Mit der Bahn ist alles anders. Das Jahr zuvor ein seltsamer Brenneraufenthalt bei der Zugdurchreise, hatte was von abgehängter Etappe: die Musik spielt woanders. Lokwechsel. Warten im verrauchten Bahnhofslokal. Rückkehr der Grenze. Rückkehr des Gefühls von einer Grenze

Seltsames Italien: die Brücken werden hässlicher, die Tunnel schicker. Das Tollste an der italienischen Brennerautobahn sind die schräg abgeschnittenen Tunnelröhren, die als schräg abgeschnittene, weiße Strohhalme aus schroffen Felsnasen ragen (tief im Berg glüht gelbes Licht)

Die Architektur der Dolomiten. Kühner Dolomit. Die Dolomiten als elegantestes Gebirge in ganz Europa

zu Sus: immer hat Vater von Luis Trenker geredet
nie hat Vater von Leni Riefenstahl geredet

immer hat Vater von Bergen geredet
nie hätte Vater von irgendwelchen Inseln geredet

immer hat Vater von Gipfeln geredet
nie hat Vater von Tälern geredet

Zu Isa: Immer wurde Vater mit Luis Trenker verwechselt. Für einen Augenblick vom Talboden, kurz von der Autobahn aus sichtbar: Schlern und Santnerspitze. Wir grüßen Schlern und Santnerspitze. Gerne hat Vater La Montanara geträllert. Der Gefangenenchor hat den begeisterten Bergsteiger immer beeindruckt. Vermutlich, so Sus, hat ihn der Gefangenenchor an seine eigene Gefangenschaft in der Po-Ebene erinnert

der Berg ruft – was aber ruft der Berg?
der Berg ruft – wen aber ruft der Berg?

Vater hat weder von Gilbert und George noch von Giorgio Moroder, noch von Oswald von Wolkenstein geredet. Selten hat er von seiner amerikanischen Gefangenschaft in Oberitalien geredet. Vater hat begeistert von eleganten Brücken oder noch begeisterter von erhabenen Bergen geredet

Bergvagabunden sind wir

wer oder was aber sind die Bergvagabunden eigentlich gewesen?

All die Hotels des südtiroler Moroderklans bleiben links liegen. Entfernte eigene Verwandtschaft in Brixen bleibt links liegen. Tanten, Patentanten, Nenntanten. Ständiges Pendeln zwischen Bozener und Meraner Straße. An einer Bozener Straße die ersten beiden Lebensjahre verbracht. In einem kleinen Nazi-Siedlungshäuschen an der Meraner Straße die ersten Wochen ohne Eltern (unterwegs in den Bergen) verbracht. Von einer Bozener Straße in der einen Stadt regelmäßig in eine Meraner Straße in der anderen Stadt gezogen. All die links und rechts als Schwalbennester an Felswände spektakulär drangeklatschten Burgen und Klöster bleiben trotz magischer Beleuchung links und rechts in der späten Dämmerung liegen

Hotel Elefant in Brixen. Hannibal am Brenner: 37 Elefanten

which is better, a tunnel or a bridge?

I prefer bridges, because of the view

c. general view
d. overall plan

was ich also vorschlage und auch schon mit meinen Ingenieuren besprochen habe:

Etschtal, mittleres. M+Ms ornamentale Autobahnschleife. Echte Berechnungen, echte Zeichnungen von echten Ingenieuren

Kamen wir uns mutig vor, am Gardasee nach Salò zu fragen? Gletscherzungensee, von den Alpen ins diesige Flachland hinausweisend. Mussolini-Märchenland. Ferngesteuerte Exilregierung im eigenen Land. Willkommen in der Faschistischen Sozialrepublik von 1943. Mussolinis Salò. Tripple-Ps Salò. Sodom mit deutschen Schäferhunden, immer noch einer der härtesten Filme, die ich kenne

Il Vittoriale degli Italiani – nach Gabriele d'Annunzios sogenanntem Siegesdenkmal der Italiener, das in Wahrheit nur ein Siegesdenkmal des Erbauers selbst ist, nach d'Annunzios Park und Villa in Gardone di Sopra braucht man nicht zu fragen. Villa Cargnacco in Gardone am Gardasee. 15 Räume, 1921 von dem rauschgiftsüchtigen faschistischen Dichter Gabriele d'Annunzio bezogen und bis zu seinem Tod bewohnt. Das pompöse Schlafzimmer des Großkünstlers mit einem Doppelbett, das zur einen Hälfte aus einer Wiege, zur anderen aus einem Sarg besteht. Später italienischer Wagner-Wahnsinn. Komplettes Kriegsschiff zwischen Zypressen im Park. Hatte mich als Kind schon beeindruckt. Hatte mich als Kind noch beeindruckt. Hatte mich beeindruckt, hatte sich mir eingeprägt in ein kindlich-genaues fotografisches Gedächtnis

Drei Kugeln, zwei Reifen, Kreisverkehr: die tolle strahlend weiße Skulptur an der Ortseinfahrt von Como. Irgendwie kamen wir uns blöde vor, in Como nach Terragnis Casa del Fascio zu fragen. Sus und Isa finden den See, ohne zu fragen. Gletscherzungensee, von den Alpen ins diesige Flachland hinausweisend

Das Haus des Faschismus in Como als Inbegriff. Europäische Bauhausmoderne, weißes Symbol des italienischen Rationalismus. Ob es einem passt oder nicht: Die Futuristen des Landes als Faschisten dieses Landes. Seltsames Italien. Es gibt Fotos. Super Auftritt der Parteiführung: die sich synchron zum Domplatz hin öffnenden Türen. Rationalismus und Irrationalismus gehen mal schnell zusammen einen saufen

Das Haus des Faschismus als prominente Liegenschaft des italienischen Staates. Der weiße Terragni-Würfel, das Baudenkmal heute als lokaler Sitz der Guardia di Financia. Einlass zu bestimmten Uhrzeiten gegen Vorlage persönlicher Dokumente. Isas spanischer Pass als nur eingeschränkt glaubhaftes Zeugnis. Nur das Erdgeschoss! Die originalen Sanitärräume! Fotografieren ohne Blitz erlaubt. Alles andere: verboten, streng verboten, strengstens verboten. (Kein Land, das ich kenne, hat so viele verschiedene Polizei-Gruppierungen wie Italien)

Oben, in den interessantesten Räumen, arbeiten die Finanzfahnder, nach oben, zu den Fahndern darf kein Fremder. Der Architekt entwirft einen Kindergarten. Der Architekt entwirft einen Wohnblock nach sowjetischem Vorbild. Der Architekt entwirft Stühle für den Duce. La sede, weiblich. Benita-Stühle heißen die weiblichen Stühle für den männlichsten aller Führer. Das elegante Mussolini-Wandfries. In Krautland undenkbar. Ein anderes als ein abgrundhässliches Führerporträt wäre in Deutschland nicht denkbar. Der riesige Tisch mit den todschicken Benita-Stühlen. Oben, die Fahnder, haben bald Mittag

Como/Lago di Como. In Como am See brach unsere ohnehin schon brüchige Überzeugung, das Böse müsse grundsätzlich und automatisch auch böse aussehen, endgültig in sich zusammen. Zusammengebrochen, zusammengeklaubt und zur Sicherheit im See versenkt

kühle Nacht in der heißen Ebene

In Guarda erzählte Urs, dessen Haus (er selbst nennt es Kiste) zu den hellsten gehört, die ich kenne, von seinem Besuch im drehbaren Sonnenhaus bei Verona. Klang interessant, liegt jetzt aber nicht mehr auf der Strecke. La Casa del sole. Ein mehrstöckiges Privathaus, auf eine komplizierte, drehbare Konstruktion montiert, die es ermöglicht, das Gebäude immer nach der wandernden Sonne auszurichten. Fällt mir jetzt, beim Wegdämmern, ein. Interessant: Eine dieser guten Ideen, ja, die sich nie wirklich flächendeckend durchgesetzt haben

Musik für Autobahnraststätten
Musik für Autobahnbrücken

Alfa Romeo und Julia: Italien als Inbegriff. Kommunistische Bürgermeister, denuklearisierte Kommunen! Als ich das letzte Mal in Italien war, konnte ich mich ziemlich gut mit den unterworfenen Etruskern identifizieren

Drei riesige Buchstaben direkt neben der Autobahnpiste. Immer, wenn ich drei Buchstaben sehe, halte ich drauf. Eine irgendwie mit R beginnende Buchstabenfolge direkt neben der Autobahn. Autobahn nach Rom, Straße der Sonne, irgendwo zwischen Florenz und Orvieto, kurz hinter einer Brücke dieser riesige weiße Reklamequader, oder war es ein fensterloses Gebäude, mit einer roten Aufschrift, drei Buchstaben, die man so spät sieht, dass man kaum noch den Fotoapparat in Anschlag bringen kann, die man so spät sieht, dass man schon ganz nah dran ist, wenn man abdrückt, die augenblicklich auch schon wieder vorbeigewischt sind, ein Foto und noch ein zweites Foto, die total verwischt sind – die beide total verwischt sind, aber trotzdem erkennt man noch die drei roten Buchstaben auf einem riesigen weißen Quader – und auch an der plötzlich abgewandten Seite dieses Quaders – einige Meter hinter einer zu einem breiten Strich verwischten Leitplanke, erkennt man die drei roten Buchstaben R und D und B – nicht schon im Vorbeifahren, wohl aber später auf den Abzügen, zwei Fotos wie diese total verwischten Bilder, die RDB 72/73 aus dem Abteilfenster des nach Rom rasenden Zuges gemacht hatte, zwei ebenfalls total unscharfe Fotos, nur nicht schwarz-weiß, nur nicht quadratisch, nur nicht vom Zug aus

RDB, diese Buchstabenkombination sah ich später ständig wieder. Auf das RDB-Akronym trafen wir zum zweiten Mal schon an der Stadtgrenze von Rom. Sus am Steuer, ich hinterm Auslöser. Isa, ohne Kamera, direkt mit eigenen Augen schauend. Keine schlechte Musik. RDB ist ein Gasbetonstein, sowas wie Ytong. RDB rot auf weiß. RDB weiß auf rot. Das halbe Nachkriegsitalien soll daraus gebaut sein

Rome, Stadt der Sprüche, wasn't built in a day. Rom wurde auch nicht in einer Woche errichtet. Nicht in einem Jahr und auch nicht in einem Jahrtausend. Heiliger Stuhl klingt gut, Ewige Stadt klingt gut: Anlässlich des Heiligen Jahres, anlässlich des endlich vollen Millenniums gewährt der Heilige Stuhl Rompilgern den Ablass 2000. Ablass 2000 klingt gut. (Klingt wie eine neu aufgelegte Versicherungspolice). Klingt auf Lateinisch garantiert noch viel besser. Alle Pilgerkirchen der Stadt herzurichten, alle Beichtstühle zu polieren klingt nach viel

Arbeit. Rom ist Baustelle. Schon seit über 3000 Jahren ist Rom Baustelle. Auch nach mehr als 3000 Jahren ist Rom noch immer nicht fertig. Kurz vor der Jahrtausendwende, und ich wette, auch noch Jahre danach, ist die Ewige Stadt eine ewige, eine einzige ewige Baustelle. Rom wird nie fertig, behaupte ich mal, Rom wird trotzdem nie modern werden. In Rom wird repariert, nicht gebaut. Die modernsten Bauten der Stadt stammen aus der Zeit des Faschismus. Das kann ich ohne groß zu verallgemeinern behaupten. Wir kamen uns ziemlich blöde vor, an einer Tankstelle nach dem einzigen Hochhaus der Stadt zu fragen, das man sonst überall schon von weitem sieht

Rom und Mekka miteinander vergleichen. Die Papstmessen auf dem Petersplatz, das weiß auch der Papst, sind oft erstaunlich schlecht besucht. Wir sind hier nicht in Polen. Die Römer selbst interessieren sich für den Papst eher wenig. Selbst die Ostermessen sind vergleichsweise schlecht besucht. Im Vergleich zu Mekka. Im Vergleich zu einem mittelgroßen Popfestival beispielsweise. Rom wird von Besuchern überrannt. Aber auf dem Petersplatz waren am letzten Ostern des alten Jahrtausends selbst während der Messe, selbst für Zuspätkommer noch jede Menge Stehplätze frei

Zykaden als unterhaltsamste Tiere von allen. Mitten in der Stadt, mitten in Rom: das Zirpen der Zykaden als angenehmster Ambient, den ich mir vorstellen kann. Pinien, Zypressen, Zedern. Am Horizont einer jeden

Straßenflucht garantiert irgendein fotogener Baum. Die Tollsten, die Elegantesten: turmhohe Zedern. Schützende Schirme über der aufgeheizten Stadt

Pinien: malerisch, Bougainvillea: fotogen

Mussolini zuliebe: Südtiroler auf die Krim! Den Südtirolern zuliebe: Krimtataren hinter den Ural! Irgendwie kamen wir uns blöde vor, im Stadtteil Nomentano nach Mussolinis Villa zu fragen. Weltenlenken ist kein Honiglecken. In seiner feudalen Villa Torlonia lässt sich Mussolini nach getaner Arbeit einen Dick-und-Doof-Film nach dem andern zeigen. Die ausgebrannte, die brettervernagelte Villa mitten im Torloniapark. Beliebter, öffentlicher Familienpark erst seit wenigen Jahren. Seltsame Nebengebäude: aus jeder Epoche ein nachgebautes Zeugnis. Themenpark, sehr römisches Gelände: jüdische Katakomben für Mussolini zu privaten Bunkeranlagen umgebaut

Nomentano, sagt Ricardo, noch heute bei jeder Wahl einer der reaktionärsten Stadtteile der Stadt. Das elegante Zwanziger-Jahre-Postamt an der Piazza Bologna. Eine Stunde anstehen – für was eigentlich? Nomentano, der Stadtteil, in dem man am Zeitungskiosk Mussolini-Devotionalien kaufen kann

Alle Märsche führen nach Rom. Der Marsch auf Rom als Beginn des faschistischen Experiments. Alle Gewaltmärsche führen nach Rom (Hitler registriert es von Deutschland aus neidisch)

Kurze Geschichte des Faschismus (aus dem Italienischen von Alexandra Hausner)

in Italien hat der Spaß noch länger gedauert (muss man sich mal vorstellen)

lange Geschichte des Faschismus: in Spanien hat der Spaß noch wesentlich länger gedauert als selbst in Italien (muss man sich mal vorstellen)

Die historische Via Appia mit der längst auch schon historischen Via Appia Nuova direkt vor Ort vergleichen. Bauarbeiten auf der Via Appia Antica. Bauarbeiten auf der Via Appia Nuova. Die Via Appia mit der Via Tiburtina vergleichen. (Alle Wege führen nach Rom. Auch der Santa Monica Freeway und die Transsibirische Eisenbahn führen letztendlich nach Rom.) Den Santa Monica Freeway mit der Via Aurelia vergleichen. Den Klang von Rom mit dem Klang von Mailand vergleichen. Am Bahnhof Termini klingt Rom anders als draußen im Stadtrandviertel EUR

Die Via Appia als Inbegriff. L'Appia als Straße der Straßen. Straße der Nekropolen. Straße der Katakomben. Straße der Nekrophilen. 1978, Schulausflug, waren wir noch mit dem Bus übers antike Pflaster gedonnert. Teilweise übers Pflaster und teilweise über den übers Pflaster gedonnerten Teer – jetzt im Jahr der eiligen Baustellen wieder alleraufwändigst zu entfernen.

rote Folienbauzäune: römisches Wahrzeichen dieser Saison

Filmbauten als Museumsstücke. Amerikanische mit italienischen und italienische mit deutschen Western vergleichen. Irgendwie kamen wir uns ziemlich blöde vor, hinaus zur Cinecittà zu fahren und dort naiv wie Trottel in einem Fan-Shop nach Morricone-Soundtracks zu fragen. Cinecittà als vorletzte Station der Linie A: zwei U-Bahn-Strecken für eine Hauptstadt mit mehreren Millionen Einwohnern sind nicht gerade viel. (U-Bahn-Bauer stoßen zu häufig auf lästige Ruinen.) GRA für Grande Raccordo Anulare: einmal den Autobahnring rund um Rom fahren, um das Gesamtwerk von Ennio Morricone zu hören, reicht nicht. Einmal durch sämtliche Einbahnstraßen der Stadt zu fahren, um das Gesamtwerk von Ennio Morricone zu hören, reicht nicht. Was ist aus Morricones Stimme, was ist aus Edda Dell'Orso eigentlich geworden? Musik für Jahrtausendwenden: Edda Dell'Orsos Stimme als der eine Klang all over Rome

auch die Sechziger haben in der Ewigen Stadt nicht ewig gedauert

Gangs of New York. Italienische Banden in Little Italy im New York des frühen zwanzigsten Jahrhunderts. Scorsese, so viel ist im Fan-Shop immerhin zu erfahren, wird draußen in der Filmstadt demnächst sein Alterswerk drehen. Der große alte Mann sagt, er habe einfach Lust auf Italien. Große, internationale Produktionen werden in der größten südeuropäischen Filmstadt nicht mehr oft gedreht. Hört man. Liest man. Sieht man. Glaubt man

Via Appia Antica. Via Appia Nuova. Echte Aquädukte als falsche Kulissen am flirrenden Horizont. Des Chefdichters Campagna: der Mann hatte Nerven

Reichskanzlei an Palazzo Venezia, kurzes Kabel aus Berlin: Krimtataren dauert etwas länger! Vom Balkon des Palastes, auf dem der Duce seine von slapstickhaften Armbewegungen unterstrichenen Reden hielt, blickt man 1999 ungehindert auf die Millenniumsuhr, die mitten auf der Piazza Venezia den digitalen Sekunden-Countdown bis zur Jahrtausendwende vorgibt. Freier Blick auch auf den Altar des Vaterlandes. Fortsetzung der Suche nach Morricones Wohnung. Rom als Inbegriff. Kann es sein, dass selbst Polizistinnen hier attraktiver als anderswo sind? Kann es sein, dass Verkehrspolizistinnen hier so attraktiv sind wie sonst nur in Mexico City?

Der Nullpunkt als beliebige Setzung. Die Sekundenuhr auf der Piazza Venezia sagt nicht: noch soundso viele Sekunden bis zum Heiligen Jahr. Die Sekundenuhr auf der Piazza Venezia sagt: noch soundso viele Sekunden bis zum Jahr 2000. Nicht mal in Rom kommen Heiliges Jahr und Jahr 2000 zur Deckung

Nanosekunde
Picosekunde
Femtosekunde
Attosekunde
Zeptosekunde
Yoctosekunde, kleiner gehts nicht

Schadensregulierung: Zeitwert – Restwert

Immer waren wir rechtzeitig am vereinbarten Treffpunkt gewesen. Nie sind wir früher als notwendig am vereinbarten Treffpunkt gewesen. Nie sind wir zu spät gewesen. Brunnen, Säule, was weiß ich. Immer sind wir zum letztmöglichen Zeitpunkt am vereinbarten Treffpunkt eingetroffen

Zustände wie im alten Rom. Immer hatte ich mir das Römische Reich eher abstoßend vorgestellt. Zeitwert/Restwert. Ruinen, die nur als Ruinen schön sind. Mussolinis dreiste Überbauung des Forums. Das Forum Romanum als Inbegriff. Rekonstruktionszeichnungen beweisen: schön ist was anderes. Alle Rekonstruktionszeichnungen sagen mir: von den Bauwerken im repräsentativen Zentrum Roms, von einzelnen und von allen zusammen in ihrer massierten Gesamtheit, ging eine fiese Kälte aus, fieses Amalgam aus brutaler Staatsmacht und nicht weniger machtbewußt-skrupellosem religiösem Kultus. Brutale Einschüchterungsaura. Kalter Protz, kaum gebändigt durch die erstaunlich wenig beschränkten technischen Möglichkeiten der Zeit. Selbst wenn eine neue Palastidee unerhört arbeitsaufwändig schien, kein Problem. An den Grenzen des Imperiums schnell noch ein Barbarenvolk ausrauben, unterwerfen und Beute samt Sklaven den stinkenden Tiber runterschwemmen

Palast von Palatin. Das Wort Palast vom Wort Palatin. Das strenge Wort Kaiser vom strengen Wort Caesar.

Der steile Hügel Palatin zur Kaiserzeit überzogen von grotesken Palastwucherungen mit komplizierter eigener Wasserversorgung direkt aus den Bergen. Zu Helmut: Das Leben im römischen Reich jenseits der Villen und Paläste habe ich mir immer elend vorgestellt

Am liebsten, sagt Helmut entschieden, würde er im römischen Kaiserreich leben. Helmut weiß sogar, unter welchem Kaiser. Helmut weiß vermutlich auch, in welcher Schicht. Der entschiedene Helmut verschenkt ein zeitgenössisches Buch über die römischen Kaiser: Superinteressant, schockierend, abstoßend. (Trotzdem: Helmuts Lieblingskaiser habe ich irgendwie vergessen)

Joni Mitchell sagt: Maybe I go to Amsterdam, maybe I go to Rome. Das Zirpen der Zykaden als der eine Klang über Rom dringt bis in hinterste Räume. Was hören die Römer für eine Musik? Hören die Römer überhaupt noch Musik? Zwischen halb ein Uhr und halb zwei Uhr nachts kommt die Müllabfuhr. Täglich. Vince Lawrence auf RCF. Nach Mitternacht: RCF für Radio Città Futura. The end of the world as we know it: Nullerjahre klingt gut. Vince Lawrence sagt: the night is young, it's just begun, anything can happen. (Erstaunlich, wie früh in Rom die Stühle auf den Tisch gestellt werden)

Besonders beliebt: die Scherbenberg-Diskotheken, die in den Scherbenberg hineingebauten Diskotheken. Zerbrochene Amphoren, die sich über einen gewissen Zeitraum angesammelt haben. Die Gegend um den alten Schlachthof als Gelände für das überschaubare Leben der Nacht

die Nacht ist alt: die Stadtzykaden sind leiser geworden, Mopeds und Kleinwägen kehren zurück zur Arbeit. Mitten in der Stadt, mitten in Rom: Pinien, Zypressen, Zedern. Erste, superlange Schatten. SPQR – im traditionsbewussten Rom sind tatsächlich alle Kanaldeckel und Mülleimer mit diesen vier Buchstaben versehen

Wir kamen uns ziemlich blöde vor, an der breiten Viale Cristophero Colombo nach dem martialischen EUR-Hochhaus zu fragen, das man sonst überall schon von weitem sieht. Das einzige Hochhaus weit und breit. Tripple-P soll irgendwo hier gewohnt haben. Zuletzt. Ausgerechnet. Ausgerechnet zuletzt

E für Esposizione, U für Universale, R für Roma. Die vom Regime herbeigesehnte Weltausstellung, die schließlich wegen des Zweiten Weltzerstörungskriegs ausfiel. Faschistische Retorten-Vorstadt zwischen dem Zentrum der Hauptstadt und Ostia. Proklamierter Rationalismus auf einem neuen Hügel zwischen der Hügelstadt und dem Meer

Irgendwie kamen wir uns ziemlich blöde vor, hinaus nach Fiumicino zu fahren und dort auf der falschen Tiberseite nach der Todesstelle von Pasolini zu fragen. Das Wirtsehepaar und das ganze Personal beim Essen im ansonsten leeren Lokal. Vorsaison. Vage Warnungen vor einem angeblich unsicheren Gelände. Wortreiche Wegerklärung. Eine Zeichnung auf Karopapier. Flussüberquerung, Uferwechsel. Kabelhaushalte, Satellitenhaushalte: zur Linken das von Frances sofort so genannte Waschmaschinenhaus von Ostia Nuova. Im Maßstab XXL gelöcherte Fassade (dahinter massenhaft aufgehängte Wäsche). Ostia als Inbegriff. Ostia: nix mondän. Der Strand der Hauptstadt ist abgefuckt hässlich. Nuova Ostia und die Brache daneben. Non-place, urban field. So stelle ich mir den Gazastreifen vor. So stelle ich mir den römischen Stadtrand der Nachkriegsjahre vor. Tripple-Ps borgate. Pasolinis Baracken-Vororte (das Foto von ihm in Begleitung eines Jungen). Der Fußballplatz, die gemauerte Tribüne, das Vereinsheim unter der Tribüne. Fußballerfotos, windschiefe Hütten zwischen dem vertrockneten Rasenplatz und dem Meer. Staubige Wege, Sackgassen, Zäune. Ein steinalter, stämmiger Befestigungsturm peilt die Lage. Kläffende Hunde haben hier was zu melden

Kurzfristig angesetzte Suche nach einem angeblich vorhandenen Monumento Pasolini. Der nächtliche Stricherplatz am Rand eines Fußballplatzes am Ende eines Lebens. Handgemalter Wegweiser Monumento Pasolini. Staubiger Schlaglochweg. Imola, erster Gang, Monza, zweiter Gang, Spa, dritter Gang: die Kamera läuft. Der Beifahrer muss lenken. Frances filmt und schaltet. Der Beifahrer lenkt und fotografiert. Kein Monument. Beschluss: den staubigen Ort als bestmögliches Monument exakt so, wie er ist, akzeptieren. Ostia am Meer. Das Meer akzeptieren. Das Meer akzeptieren, obwohl man nichts davon sieht. Edda Dell'Orsos Stimme. Edda Dell'Orsos textloser Gesang. Italienisch ohne Italienisch. Die Tonspur, so wie sie zufällig ist, akzeptieren. Morricone auf der Tonspur der Bildaufzeichnung, weil Morricone im CD-Player lief. Shit, hier ist Ende! Tripple-Ps borgate gibt es um Rom so nur mehr hier.

Ausgerechnet. (Die Fotos der von borgate-Bewohnern mit einem kleinen Kreuz markierten Todesstelle, die ich mir später besorgte)

Richie-Hawtin-Bässe im runderneuerten Polo. Weiterhin wird es zunehmend dunkler. Improvisierter Rückzug. (Das Zeitungsfoto des geklauten Alfa des Opfers)

Krieg den Hütten. Nächster Besuch im Niemandsland zwischen Ostia Nuova und der Tibermündung, paar Monate später: Baustelle, reger Lastwagenverkehr, das Monumento-Schild schon abgeschraubt, die Tribüne halb abgebrochen. Hinterm Zaun: Entdeckung des Monuments im hüfthohen Gras. Gas, Beton, Stein. Fleißige Fleißarbeit in Ytong (RDB-Stein in Italien). Ein Yachthafen, weiß ein Passant, entsteht auf dem weitläufigen Gelände

Abb.: Brieftauben im Sichtflug entlang italienischer Straßen, Flüsse und Eisenbahnen

Die Überraschung der Forscher war perfekt, als sie die Fluglinien der Vögel mit den GPS-Daten der Autobahn verglichen: Die Tauben sind bis auf wenige Meter genau dem Asphaltband gefolgt, berichtet Teammitglied David Wolfer. Die Tauben hätten ein ganzes Spektrum an Orientierungsmechanismen, zwischen denen sie ziemlich opportunistisch wählen, glaubt jetzt Kollege Lipp, bis vor wenigen Jahren noch Chef des Brieftaubendienstes der Schweizer Armee. Er verweist darauf, dass das Testgelände bei Rom ein Vulkangebiet sei, in dem massive geomagnetische Anomalien die Peilung der Tauben stören – der Magnetkompass der Tiere funktioniere unter diesen Bedingungen wahrscheinlich nur ungenau. Statt ständig den Kurs neu zu bestimmen, hätten die in Italien beobachteten Vögel wohl lieber auf Sichtflug umgeschaltet. Ein Rätsel allerdings ließ sich auch mit den satellitengestützten Flugschreibern nicht aufklären: Warum, so die Frage, wählten die Tauben stets die alte, unscheinbare Küstenstraße SS Aurelia, die dem Verlauf der antiken Via Aurelia folgt? Für eine parallel verlaufende Autostrada und eine Bahntrasse hingegen zeigten sie kaum Interesse

Das muss man sich mal vorstellen: um das Jahr null hatte Rom schon eine Million Einwohner. Schwer vorstellbar: zwischen 500 und 1500 nach null hatte Rom nur mehr 25000

Rom, die Stadt, in der man kaum ein öffentliches Freibad findet. Langsam wird es heiß. Langsam verstummen selbst die Zykaden. Seltsam: römische Bäderkultur kann man in halb Europa und in Teilen Afrikas bewundern, nur nicht in Rom. Nicht in Funktion. Nur als Ruinen. Stadt riesiger Thermen? Römische Bäderkultur kann man heute eher in Budapest bewundern als in Rom. Als wäre die Wasservorsorgung der Stadt noch immer wegen der malerisch zerstört in der Campagna-Landschaft herumstehenden Aquädukte unterbrochen. Als wäre der alles verwüstende Sacco di Roma noch immer nicht überwunden. Tatsächlich ist die spätmittelalterliche Zerstörung der Stadt noch nicht überwunden. (Zu Raoul: Schöne Scheiße, wenn Berlin auch so lange braucht, um sich wieder aufzurappeln.) Im römischen

August 99 Besuch von Maren und Raoul. Im römischen Hochsommerhoch mühsamste Suche nach wenigstens einem öffentlichen Schwimmbad. Maren, Raoul und ich landen in einem superteuren Schwimmbad im Stadtteil EUR. Das Bad ist okay, sogar ein wenig mondän. Von den weiten Bahnen kann man immerhin auf das seltsame EUR-Hochhaus blicken. De Chirico muss hier geschwommen sein. De Chirico müssen hier die Augen herausgefallen sein. EUR: hier hört die Stadt auf. Der achte Hügel. Von den Faschisten als moderner Satellitenstadtteil weit vor den Mauern der antiken Stadt als Gegenmodell zum päpstlichen Rom geplant. Hier hört die Welt auf. Tripple-Ps letzte Rom-Wohnung, schwer zu glauben, ausgerechnet im Stadtteil der Faschisten? Von hier ist es nicht mehr weit bis hinaus nach Ostia. Ostia Antica als der alte Hafen der Stadt. Ostia als der neue Strand der Stadt Rom. Satellit in den Dünen. Der hässlichste Stadtteil von allen

Buchpremiere
Im Schatten der Ewigen Stadt
Rom im Jahr sieben nach Christus: Die kleinwüchsige Sklavin Andromeda lernt sich in einer Welt voller Wunder, Farben und Gerüche zu behaupten. Dabei reift in ihr ein riskanter Entschluss: Sie will ihre Geschicke selbst bestimmen

mobil druckt exklusiv Passagen aus Tanja Kinkels neuem historischen Roman. Zitat: Unser Zusammenleben wird eine ständige Prüfung der Götter sein

Tanja Kinkel: Venuswurf. Roman, München 2006. 476 Seiten, 19,90 Euro. Das Buch ist in den rund 400 Bahnhofsbuchhandlungen erhältlich

Abb.: Tanja Kinkel im Gespräch mit Rom

Frauen und Rom
Biserka sagt: Rom ist mir zu römisch
Naomi sagt: Rom hat mir zu viel Energie

Männer und Rom
Ricardo sagt, er könne olle Steine nicht leiden. In Rom, so ein populärer Spruch, werden alle Gedanken zu Marmor – nicht gerade eine sexy Vorstellung

Albanersteine, Sabinersteine, Marmor. Steinerne Zeugen der Geschichte. Steinerne Zeugen der Zeitgeschichte. Steinerne Zeitzeugen der Geschichte oder steinerne Zeitzeugen der Zeitgeschichte, oder wie soll ich sagen? Schichten. Stadtschichten. Trümmerschichten. Geschichte kommt womöglich von schichten, von aufeinandergeschichteten historischen Schichten. Das Irrste an Rom ist es ja, in irgendwelchen zufällig freigeschaufelten Schächten deutlich zu sehen, wie stark Kulturschichten als erstarrte Geschichtssedimente in einer Handvoll bewegter Jahrhunderte wachsen. U-Bahn-Bau quasi unmöglich. Wer will schon Streit mit der UNESCO? Ein paar Jahrhunderte machen tatsächlich ein paar Meter. Nation-building. Nation-destroying. Nation-rebuilding. Vergeltung der Vergeltung der Vergeltung. Bau / Zerstörung / Wiederaufbau / Zerstörung / Wiederaufbau. Erstaunlich, wie viele Meter Kulturschutt im Lauf der Jahrtausende zusammenkommen und Sümpfe zwischen Hügeln zu soliden Plattformen werden lassen

mal was essen und dann wieder weiter

Von der Ober- in die Unterkirche. Von der christlichen Ober- in die heidnische Unterwelt. San Clemente, einige Schritte hinterm Kolosseum. Sehr anschaulich, sowas gibts nur in Rom: oben eine hübsche, etwas überladene, aus mitteleuropäischer Sicht original echt alte Kirche. Von der steigt man hinunter wie in eine Gruft und trifft auf einen wesentlich älteren, von den Normannen zerstörten und erst im 19. Jahrhundert wieder ausgegrabenen, romanischen Kirchenbau, der auf eine weit unter jetzigem Straßenniveau gelegene antike Villa mit einem kleinen Mithras-Tempel draufgebaut ist. Altar mit Relief eines Gottes, der einen Stier tötet. Arischer Lichtgott als persischer Sonnengott, in der Kaiserzeit im ganzen Riesenreich sehr beliebt und drauf und dran, auf Dauer das Christentum zu dominieren. Kam aber anders

Die Lager der Obdachlosen bei den etwas versteckter liegenden Gebäuden zwischen Kolosseum und Forum. Wie die Lager der Obdachlosen zwischen den eckigen Säulen unterm Führerbalkon des Führerbaus in der Bewegungshauptstadt. Dicke, sorgsam zusammengefaltete Decken über vollgestopften Tüten. Drunter Pappdeckel oder gleich der Schlafsack auf Stein. Hier wie dort immer auch verschiedene Utensilien außenrum griffbereit aufgestellt: etwas Geschirr steht für die Küche, ein Waschbeutel fürs Bad. Hat was Aufgeräumtes. Tagsüber sind die Bewohner auf eigene Rechnung unterwegs

Villa Adriana, Kaiser Hadrians riesiger Villenkomplex am Fuß der Berge – weit vor den Toren Roms. Die Sklaven bewegten sich in unterirdischen Gängen. Das ist die Lösung. Oberirdisch sich bewegende Sklaven sind eher lästig, unsichtbare Sklaven stören eher kaum

aus den Katakomben des Kolosseums wurden die kampfgestählten Sklaven zum öffentlichen Kampf ans Tageslicht gebracht

Modell im Eingangspavillon der Villa Adriana, auch hier wieder der Verdacht: sieht jetzt, im verfallenen Zustand, wohl besser aus als im zeitgenössischen Betrieb. Konkrete Vorstellung. Projiziert in den Maßstab 1:1 entsteht eine Mischung aus Mafiosi-Traum und Residenz eines Medienmoguls. Berlusconi muss hier gezeugt worden sein

oben in den Hang gebaut, tolle Idee auch: das riesige Wasser- oder Schwimmbecken der Villa, drunter, als topographisch unvermeidlicher Unterbau, die größtenteils fensterlosen Wohntrakte der Sklaven, die von dort über ein System von Gängen ihren verschiedenen Tätigkeiten in den großteils unterirdischen Wirtschaftstrakten auf dem extrem weitläufigen Gelände zugeführt wurden

Welcher römischen Villa ist diese kalifornische Villa dieses Pressemilliardärs nördlich von Santa Barbara nachgebaut? Welcher römischen Villa die Getty-Villa in Malibu? Nachgebaut und nachempfunden? Erst nachempfunden dann nachgebaut

Ruinen: malerisch
Plastikbauzäune: fotogen

Fotos durch die Löcher roter Bauzäune auf malerische Ruinen. Netter Nachmittag auf weitläufigem Gelände

Abb.: Modell der Neuen Reichskanzlei in Berlin, Maßstab 1:1, Ansicht Wilhelmstraße, Potsdam-Babelsberg 1938

Großes Lob dem Klassizismus! Der größte Architekt aller Zeiten befand, Architektur habe sich letztendlich im ruinösen Zustand zu beweisen. Faschistische Architektur, so Hitlers dringender Wunsch, sei so anzulegen, dass sie später, in ferner Zukunft, als Ruine schön aussehen würde. Nach tausend Jahren oder so zirka

gab es das legendäre Ruinengesetz wirklich?

Deutsche faschistische Architektur mit italienischer faschistischer Architektur vergleichen. Deutsche faschistische Architektur mit moderner italienischer faschistischer Architektur der rationalistisch-modernen Anfangsphase vergleichen

Abb.: Villa für einen Blumenzüchter, Guiseppe Terragni, 1936-37

deutsche faschistische Architektur mit später italienischer faschistischer Architektur vergleichen

letztlich deutschen Faschismus mit italienischem Faschismus vergleichen

letztlich Italien mit Deutschland vergleichen

Motive Wiens
Motive Münchens

Abb.: Alter Hof München, Aquarell

Hitler, der Maler
Hitler, der Architekt: gebt ihm vier Jahre Zeit!

der größte Architekt aller Zeiten als größter Feldherr aller Zeiten:

der größte Feldherr aller Zeiten als größter Architekt aller Zeiten:

der Führer als der erste Architekt der Nation, Speer als sein geschäftsführender Stellvertreter sozusagen

Abb.: NS-Leistungsschau Gebt mir vier Jahre Zeit, Berlin 1937

Hitler forderte vier Jahre Zeit, aber er brauchte doch zwölf

Rhetorische Frage: Wie gefielen ihm die Ruinen Berlins? Kippte das irgendwann? Konnte er den Anblick anfangs noch als schön empfinden, ihn genießen und dann aber irgendwann nicht mehr? Egal (und doch nicht egal)

Im verdunkelten Führersonderzug durch Deutschland. Hitlers Sekretärin berichtet: Alles, was Hitler vom zerbombten Deutschland sah, waren die Zerstörungen entlang des kurzen Autoweges vom Anhalter Bahnhof zur Reichskanzlei an der Vossstraße. Der Begriff Ruine ist relativ. Objektiv betrachtet ging die Kriegszerstörung der Reichskanzlei nicht weit genug (letztlich war auch der Hausherr nicht ganz zufrieden)

Der Bismarckturm bei Assenhausen als finsterer Fremdkörper in barocker oberbayerischer Voralpenlandschaft. Finsterer Spaceritter wie der Wasserturm am ostberliner Ostkreuz. Wie aus einer Episode der Herr-der-Ringe-Trilogie gefallen. (Mutter mochte ihn noch nie.) Am Würmsee steht ein Bismarckturm. Am Ostufer des Würmsees steht erhaben einer der zahlreichen in der Bismarck-Euphorie des späten 19. Jahrhunderts errichteten Bismarcktürme. Die Weltkugel auf der Turmspitze des zweitteuersten Bismarckdenkmals des Reiches. Seit ich denken kann, erhebt sich der Reichsadler auf der die Turmspitze krönenden Weltkugel mit bereits ausgebreiteten Schwingen. Grünspan. Seit ich denken kann, macht sich der kupferne Reichsadler mit bereits ausgebreiteten Schwingen zum augenblicklich bevorstehenden Abflug bereit. Seit weit über hundert Jahren rinnt Grünspan über Kalkstein und Tuff. Seit ich denken kann, war der Bismarckturm der Familie liebstes Ausflugsziel. Nicht des Turms (den Mutter nicht mochte), sondern des Ausblicks von dort wegen. Von der Turmspitze blickt der Adler in Richtung Reichshauptstadt, so wurde mir wiederholt erklärt. Nach Berlin, gen Norden blickt des Reichsadlers scharfes Auge. Der westlich gelegene, in voller Länge ausgestreckte See interessiert ihn einen Dreck. Ein schöner Platz zum Verweilen ist das hier, mit dem Blick durch die Waldschneise auf den See und die runde Roseninsel. Den Treffpunkt. Insel Wörth als Roseninsel wegen der Rosen. Die Ludwiginsel vor dem Sissiufer (vulgo: Romyufer) des Würmsees. Eliteschule Feldafing: NS-Deutsche Oberschule Starnberger See: Blick auf Roseninsel und Bismarckturm am Seeufer direkt gegenüber. Gen Turmspitze blickt mein blaues Auge. Früher war unten die Tür noch offen, bis hinauf zur Turmspitze ist innen alles hohl. Unten liegt alles voller Stroh, auf das jede halbe Stunde der Reichsadler von der Turmspitze herunterscheißt. Wer gescheit ist, der macht ein Geschäft daraus. Wie oft schon war ich hier heroben und dachte mir, das ist mir ja wirklich eine schöne Geschichte. Gen Berlin blickt mein blaues Auge. German Kanonenboot Policy. German history as military history. Ich kriege Zustände, sagt Mutter, wenn sie ausdrücken will, dass sie auf Kohlen sitzt, eine Wendung, die sie auch gerne verwendet

Bismarck: Hering
ich lieber Renke

Mutter sagt: Hindenburg-Lichter. Ich sage: Teelichter. Mutter sagt Hindenburg-Lichter, ich sage Teelichter. Mutter meint Teelichter, ich sage Hindenburg-Lichter

Poetisches Plätzchen. Kleiner Abendspaziergang. Von Allmanns- nach Assenhausen via Bismarckturm und zurück. Katzensprung. Vermutlich stapft gleich ein Hanns Johst hier um die Ecke. Präsident der Deutschen Akademie der Dichtung. Präsident der Union nationaler Schriftsteller. Präsident der Reichsschrifttumskammer. Reichskultursenator. Reichsfachschaftsleiter für Schrifttum im Kampfbund der deutschen Kultur. SS-Gruppenführer. Träger der Wartburg-Dichter-Rose. Preisträger der NSDAP für Kunst und Wissenschaft. Träger der Goethe-Medaille (1940): Hanns Johst

Abb.: Villa Johst, Allmannshausen am Starnberger See

Abb.: Allmannshauser Bismarckturmweg mit Bismarckturm

Deutschlands Dank. Entwurf Mies van der Rohe, Bismarckdenkmal, Projekt, Elisenhöhe bei Bingen am Rhein, 1910

Abb. 10: Seitenaufriss, Bleistift und farbige Pastellkreide auf Transparentpapier, 99,5 x 214 cm

Abb. 11: Bismarckdenkmal, Ansicht von unten. Fotocollage (verschollen) von Gelände und Gipsmodell

Abb. 12: Ansicht des Gipsmodells. Gelatine-Silber-Abzug, 4 x 6,5 cm

Abb. 13: (gegenüber) Perspektivische Ansicht des Hofes. Gouache auf Leinen, 140 x 240 cm

Deutschlands Dank, Projektname, Mies van der Rohes erster Wettbewerb. Meine Herren! – kleiner Schock. Das hätte Hanns Johst und dem größten Architekten aller Zeiten auch gefallen, sehr gut sogar, könnte ich wetten: Erhabene, unverstellbare Ausblickslage, tief unten der Rhein als deutschester Fluß von allen. Gewaltiger Unterbau, drei Ebenen. Achsensymetrischer Aufbau mit riesigem Innenhof. Natursteinverkleidete, parallel zueinander verlaufende Pfeilerkolonnaden auf schwerem, umlaufendem Treppensockel, die sich zu einem Halbkreis mit der Bismarckskulptur von Mies' Bruder Ewald vereinigen. Wuchtige Türme links und rechts. Alles absolut überdimensional. Auf riesigem Plattenmeer herumeiernd: Menschlein als männchenmachende Käfer

Schnitt, cut. Schlappe elf und zwölf Jahre später die superfuturistischen, superleichten, himmelsstürmenden und ebenfalls nie verwirklichten berliner Hochhaus-Projekte Die Wabe/Honeycomb und Hochhaus aus Glas. Gebäude schon mit wahnwitzigem Grundriss. Architekt: Mies van der Rohe, inzwischen Mitte 30

In der schlappen Zwischenzeit: Weltkrieg begonnen und verloren, Revolution begonnen und zerschlagen,

Monarchie abgeschafft, Republik installiert. Dada getrieben. Berlin, April 1919: Arbeitsrat für Kunst, Ausstellung für unbekannte Architekten. Zum Bauen fehlt das Geld, Pläne bleiben Utopien auf Papier (sowjetische Verhältnisse erst mal auch in Deutschland)

Berlin history as German history. Berlin history as military history: Heerstraße into Kaiserdamm into Bismarckstraße. Noch immer: original Straßenlaternen von 1938 entlang der großstadtbreiten Bismarckstraße. Eines der ersten und letzten Relikte der geplanten Großen Süd-West-Achse steht hier noch voll funktionstüchig gußeisern herum. German history: Bismarckstraße into Ernst-Reuter-Platz into Straße des 17. Juni into Unter den Linden into Karl-Liebknecht-Straße (into Prenzlauer Allee)

Die Ankunft in Berlin war die Ankunft in Westberlin. Automatisch. Bahnhof Zoo. Ganz automatisch. Fernes letztes Jahrtausend. Die Ankunft in Berlin war die Ankunft im Grenzbezirk Tiergarten. Der erste Sinneseindruck am Fernziel der Reise: Tierparkgeruch. Bei der Ankunft am Bahnhof Zoo hieß es immer: möglichst weit vorne, möglichst an der Zugspitze aussteigen. Bahnsteigende, Bahnhof Zoo: Nahblick auf Kamele und Elefanten

Kurze, hellwache Vision am Bahnsteigende: für einen Augenblick der Gedanke, man sei in einer Stadt der Tiere gelandet. Für einen Augenblick dachte ich, am Ende haben sich diese immerhin nach einem hier längst ausgestorbenen Tier benannte Stadt die Tiere gebaut (Stadt der Tiere, in der zur animalischen Erbauung sicher auch ein paar Menschen eingesperrt sind). Vermutlich ist das hier alles Steppe, Tundra, Urwald. Naturpark mit ein paar angestellten Rangern. Seltsam technisches, seltsam rotblaues Gebäude an einem fließenden Gewässer – garantiert keine menschliche Behausung. Erst gegenüber ein hohes Gebäude mit einer an die Fassade applizierten Giraffe. Parkverwaltung? Rangerwohnheim?

Westberlin als Gerücht. Westberlin auf ostberliner Stadtplänen als riesiger, von wenigen, unbebauten Fantasiestraßen durchzogener Park. Schockierende Nachwende-Erkenntnis für treugläubige Ostberliner: Westberlin war doch städtisch bebaut!

Abb.: Modell des wiedererstehenden Hansaviertels in Berlin (Ausschnittsfoto)

FU für Freie Universität
SFB für Sender Freies Berlin
RIAS für Radio im amerikanischen Sektor

Was ist aus dem Freien Berlin, was ist aus dem Zentrum von Westberlin eigentlich geworden? Neu: der Bahnhof Zoo als Stadtteilbahnhof

Fenster zum Freien Westen. Cold war: Mit heiligem Ernst spielt Berlin das Schaufenster des Freien Westens. Der Kurfürstendamm als Premium-Schaufenster des selbstproklamierten Schaufensters des Freien Westens

Ku'Damm klingt nicht besonders urban. Kalter Kuchen, Café Kranzler. Der Kurfürstendamm als Damm durch komplett trockengelegte Sümpfe

Die Namensrechte an dem Label Kaufhaus des Ostens, so die knappe Auskunft, wurden vom Kaufhaus des Westens nach dem Mauerfall zwar frühzeitig erworben, werden derzeit aber nicht genutzt. Ka-De-We, Tauentzienstraße, an einem neuen U-Bahnhof an einer reinen Wohnstraße errichtet

Straßenumfrage, Bitte um schnelle Antwort: Was unterscheidet einen Regierenden Bürgermeister von einem normalen Bürgermeister?

Im Rückblick unvorstellbar: diese Gegend, dieser Zoo und dieser Damm sollen das Zentrum von Westberlin gewesen sein? Das sollen Westberliner als ihr Zentrum akzeptiert haben? Das sollen die aus allen Provinzen Zugezogenen als anziehend empfunden haben? Mit dieser dreisten Behauptung einer Metropole haben sich Westberliner und Zugezogene zufriedengegeben oder zumindest arrangiert?

Geschenkpapier-Fassadenmuster wie beim Dogenpalast in Venedig: das Pralinenschachtel-Kaufhaus an der Joachimstaler, steht das noch?

Verkehrshindernis oder Zeugnis des Strafgerichts Gottes? Steht noch, die Kaiser-Wilhelm-Gedächtniskirche, ein plombierter hohler Zahn. Exemplarischer Wiederaufbau, auf jeden Fall schöner als vorher. Happening der Kommune 1: den Turm der Gedächtniskirche besteigen und von oben Hunderte Mao-Bibeln auf Tauentzienstraße und Passanten herunterregnen lassen. (Vorschlag, zirka 67: ein aus München zugezogener Andreas Baader will die Gedächtniskirche sprengen.) Egon Eiermanns Gedächtniskirche als Gedächtnisstütze für Alzheimerpatienten. Wer war Kaiser Wilhelm gleich nochmal gewesen? Wo genau hat der Sportpalast eigentlich gestanden?

Abb.: Egon Eiermann, Ausstellungsarchitektur für die NS-Leistungsshow Gebt mir vier Jahre Zeit, futuristische Gestaltung, Berlin 1937

Egon Eiermann – ein Name wie fürs Bilderbuch erfunden

Westberlin, Exklave der BRD, Enklave innerhalb der DDR aus DDR-Sicht. Westberlin plus Berlin, Hauptstadt der DDR, eine erstaunlich durchgängig überbaute Fläche. Als Lichtermeer noch aus dem All von Kosmo- wie von Astronauten gleichermaßen zu erkennen

für Kosmonauten jederzeit zu erkennen: ja, auch in Westberlin brennt Licht. Westberlin besteht nicht nur aus ein paar schlecht beleuchteten Straßen

aus dem All mühelos zu erkennen:
Mari und Robert nicht zu Hause
Ronald nicht auf seinem Balkon

aus dem All mühelos zu erkennen:
Berlin, Hauptstadt der DDR:
der Palast der Republik
der Marx-Engels-Platz
die Spree
das Stadion der Weltjugend

Sprengschutt vom aristokratischen Stadtschloss als Geschenk an die Weltjugend

die Weltjugend als Inbegriff
die sozialistische, die internationale Weltjugend

Berlin, Hauptstadt der DDR, Treffpunkt der Weltjugend. Die Internationalen Weltjugendfestspiele als Treffpunkt der Weltjugend. Stadion der Weltjugend und Marx-Engels-Platz sind die zentralen Treffpunkte während der Weltjugendfestspiele im Jahr 1973. Die Weltjugendfestspiele in Berlin, Hauptstadt der DDR als direkte Antwort und Gegenveranstaltung zu den westlich dominierten Olympischen Spielen in München ein Jahr zuvor

Das Denkmal als Mahnmal: Marx und Engels sind Wächter und Mahner. Marx und Engels als Doppelskulptur auf dem Marx-Engels-Platz

Angela Davis spricht den Appell an die Jugend der Welt. Mitschnitt von der Abschlussveranstaltung der X. Weltfestspiele auf dem Marx-Engels-Platz am 5.8.1973 in Berlin

Weltfestspiele der Jugend und Studenten
Berlin, Hauptstadt der DDR, 1973
Rundfunk der DDR 8 26 548
Eterna
VEB Deutsche Schallplatten
Stereo
Alle Hersteller- und Urheberrechte vorbehalten. Überspielung, öffentliche Aufführung und Rundfunksendung verboten

Thos aus Rostock schreibt: wir waren alle total verliebt in Angela, die sich mit 29 schon Professorin nennen durfte (was wir nicht wussten: selbst bei Dissidenten und Schwarzen geht das in den USA wesentlich leichter)

Bau und Ausbau des Hohenzollernpalastes, symbolische Handlung, Machtbeweis. Die wie beiläufige alliierte Bombadierung des Hohenzollernpalastes als späte Rache am militaristischen Preußen

Die Sache hat Eile: die Sprengung des ausgebombten Hohenzollernpalastes als symbolische Handlung. Die Errichtung eines Volkspalastes anstelle des gesprengten Adelspalastes als symbolische Handlung

Die Sache hat allerhöchste Eile: die Schließung des Volkspalastes nach der eiligen Staatsliquidation, die eilige Entkernung des Volkspalastes, der Abriss des Volkspalastes als symbolische Handlungen (die symbolische Handlung als ultimative Tat). Die Gegenkultur-Bespielung des entkernten Volkspalastes als

der Palast
die Republik
der Palast und seine Republik

Hammer, Zirkel, Ährenkranz

Das symbolische Zentrum des DDR-Staates. Viel mehr Haus des wohlgelittenen Volkes als Haus der nur viermal im Jahr tagenden Volkskammer. Chinesische Verhältnisse: in 14 Jahren angeblich 70 Millionen Besucher

getönte Glasfassade, ganz Ray-Ban-Brille, durch die man zwar hinaus-, in die man aber nicht hineinsehen konnte – Modell goldbraun-verspiegelt

Klaus Wons, Leiter des Jugendtreffs im Palast sagt: Man ging rein, links die Bar, da wurde Kirsch-Whisky getrunken, rechts die Hubbühne, da wurde getanzt, man konnte sie hochfahren und drehen, und gegenüber stand das Pult für die Diskotheker, wir hatten ja immer die besten Diskotheker, und hinten gab es das Forum Sechzig, mit rotem Teppich und Kinoleinwand

das einzige Land, in dem man Diskotheorie studieren, das einzige Land der Welt, in dem man sich zum Diplom-Schallplattenunterhalter ausbilden lassen konnte

Galas und Bälle

Foyer mit Weißmarmor-verkleideten Säulen

In sieben Meter hohen Stockwerken kommt die legendäre Deckenlampenpracht eindrücklich zur Geltung. Sitzecken aus rotem Leder. Blumenrabatten, alle drei Monate umgestaltet – es roch nach Flieder und Krokus

am 3.10.1990, am Tag der Wiedervereinigung, war Klaus Wons zum letzten Mal in seinem Büro, danach wurde der Palast geschlossen, Asbestalarm

Bei vielen anderen, symbolisch weniger besetzten Regierungsgebäuden sei eine Umnutzung durchaus möglich gewesen. Klaus Wons ist sich sicher: keiner der ehemaligen Palast-Mitarbeiter sei je an Asbestose gestorben

wir unterscheiden:
a. die tatsächliche Giftigkeit eines Gebäudes
b. die symbolische Giftigkeit eines Gebäudes

die Asbest-Keule
(wie nochmal war der DDR-Begriff für Asbest?)

Wilhelm von Boddien, hochumtriebiger Schlossattrappenbauer: was in die von ihm hartnäckig eingeforderte Schlossreplik hineinkomme, sei ihm herzlich egal

Als ob die Schlossimitation die einzige Alternative zum Palast der Republik wäre? Nicht, dass der Volkspalast ein besonders gelungenes Bauwerk gewesen wäre, aber der Hohenzollernpalast war es eben auch nicht. Nicht, dass ich ernsthaft für die Sprengung des Hohenzollernpalasts gewesen wäre, aber jetzt, da er weg ist, kann man sich auch was anderes an seiner Stelle vorstellen. Warum nicht einen guten jungen, möglichst unter 80-jährigen, von mir aus philippinischen Architekten einen radikal modernen Neubau in Bestlage zutrauen? This is Berlin, this is Deutschland – kein Gramm Mut zu wirklich Neuem

Greater Bundesrepublik
Berlin, Hauptstadt der Bundesrepublik Deutschland

was ist aus der Weltjugend eigentlich geworden?
was ist aus dem Stadion der Weltjugend eigentlich geworden?
was ist aus der Weltjugend und ihrem Stadion eigentlich geworden?

Option a.) Sprengschutt vom Stadion der Weltjugend für den Wiederaufbau des Stadtschlosses (symbolische Aktion)

Option b.) Sprengschutt vom Stadion der Weltjugend für den Aufbau der Geheimdienstzentrale auf dem Stadiongelände

Baulandfreimachung, freie Fahrt für den Geheimdienst: Umzug des Bundesnachrichtendienstes vom oberbayerischen Pullach auf das Gelände des abgeräumten Stadions. Frage an die Berliner: Was soll aus dem fernen Pullach eigentlich werden? Was soll aus Roderich Ficks Reichssiedlung Rudolf Heß werden? Was soll aus dem Bormannhaus werden? Was soll aus den Bunkern des Ausweich-Führerhauptquartiers auf dem linken Isarhochufer werden, wenn der BND das ganze Gelände dort aufgibt?

Mitschrift, Bericht
Jury Architektenwettbewerb Neubau der Zentrale des Bundesnachrichtendienstes (BND) in Berlin, Entscheidung im kleinsten Kreis: drei Verwaltungsbeamte. Wettbewerbsbeteiligung von vornherein auf sechs Großbüros beschränkt

geheime Mission: Entscheidung intern schon Dezember 2004, Schritt an die Öffentlichkeit Februar 2005 (die Behörde selbst versteht sich als Informationsdienstleister der Bundesrepublik Deutschland)

Vorgabe: auf dem Grundstück des ehemaligen Stadions der Weltjugend ist der Neubau des Nachrichtendienstes aus Sicherheitsgründen mit möglichst großem Abstand zur Nachbarbebauung zu positionieren

abschirmend entlang der Straße: Nebengebäude wie das Internat des BND, Sporthallen, Besucherzentrum – nach außen hin soll der Komplex die Anmutung einer normalen Blockrandbebauung haben

prämierter Entwurf, Kleihues und Kleihues (Berlin): monumentale, achsensymmetrische Anlage, 100 000 qm Hauptnutzfläche – die Architekten selbst geben das Stichwort Burg

Symmetrische Verzweigungen der Anlage, stille Winkel in neungeschossigen Höfen (vier verschiedene Fassadentypen bei gering variierendem Raster). Jury: Ein Gebäudekomplex von nobler Zurückhaltung ist entstanden

zu Carl: Smells like Reichsluftfahrtministerium, sieht aus wie eine krude Mischung aus Reichsluftfahrtministerium und Pentagon

(böse Stimmen wollen aus der Vogelschau aufs Modell ein stilisiertes Hakenkreuz entdeckt haben – und sind nicht leicht zu widerlegen)

Internat des BND? Für Kinder von Spitzenspitzeln, die so gefährdet sind, dass sie nicht auf eine normale Schule gehen dürfen?

Entlastungszeuge Kippenberger, Martin: Ich kann beim besten Willen kein Hakenkreuz entdecken, 1984, Öl, Kunststoff auf Leinwand

Berlin, die Stadt
Berlin, die Hauptstadt

Berlin, das Haus

Inschrift, Haus Berlin am Straußberger Platz:
Als wir aber dann beschlossen, endlich unsrer Kraft zu trauen und ein schönres Leben aufzubauen, haben Kampf und Müh uns nicht verdrossen

Warum dem Sozialismus die Zukunft gehört
Aus erster Hand, Broschurreihe, Staatssekretariat für westdeutsche Fragen

Abb.: Der zweithöchste Fernsehturm der Welt steht inmitten neuer Bauten im Zentrum der Hauptstadt der DDR, Berlin. 361 Meter misst er. 207 Meter über dem Erdboden dreht sich ein kugelförmiges Turmcafé und ermöglicht einen Rundblick über Stadt und Umgebung. Eine Glanzleistung der Bauschaffenden der DDR. Einer von ungezählten Beweisen, was die Arbeiterklasse zu vollbringen vermag, wenn sie sich von Ausbeutung und Unterdrückung befreit und demokratisch in Staat und Wirtschaft bestimmt. Übrigens: Der höchste Fernsehturm wurde 1967 in Moskau fertiggestellt

Abb.: Hochhäuser aus der Fabrik. Ein Blick in die Großplattenproduktion des volkseigenen Berliner Wohnungsbaukombinats. 90 Prozent beträgt der Anteil an Fertigteilen im Wohnungsbau der DDR, das Siebenfache gegenüber der Bundesrepublik. Dafür betragen die Mieten weit weniger als die Hälfte der westdeutschen

Kleiner Bunkerberg
Großer Bunkerberg
Großer Bunkerberg mit Blick auf den Leninplatz

Abb.: Lenindenkmal in rotem, ukrainischem Granit

Henselmann-Großbauten, die Bumerang und Schlange heißen. Zu beweisen war, auch Typenbauten sind zu individuellen Ausdrucksformen fähig. Zu beweisen war, auch Fertigteilbauten lassen vielfältige Grundrissvariationen zu. Wohnkomplex Leninplatz: zu beweisen war (bewiesen wurde), auch industriell vorgefertigte Wohnbauten lassen sich mit bumerang- oder schlangenförmigen Grundrissen bauen

Umbenennung des Landsberger Platzes in Leninplatz im Jahr 1950. Umbenennung des Leninplatzes in Platz der Vereinten Nationen 42 Jahre später

Abb.: Abtransport der Leninstatue vom Leninplatz
Abb.: Abtransport der Marx-Engels-Skulptur vom Marx-Engels-Platz

Interview mit Irene Henselmann, die alte Dame wartet in ihrer Wohnung. Irene Henselmann, Jahrgang 1915, wohnt im sogenannten Haus des Kindes an der Karl-Marx-Allee, Berlin-Friedrichshain, einem von zwei Turmhäusern am Strausberger Platz

Die Brigitte der DDR, erinnert Frau Henselmann, hieß Sybille. In der beliebten Frauenzeitschrift Sybille schrieb Frau Henselmann über Innenarchitektur. Später verfasste sie mehrere Bücher über Baugeschichte. Wegen der Kinder (irgendwann waren es acht) brach Irene Henselmann ihr Architekturstudium ab

Frau Henselmanns Mann, Leiter der Weimarer Hochschule für Baukunst und Bildende Künste, galt als Chefarchitekt der DDR. Hermann Henselmann entwarf die wichtigsten Gebäude der Prachtstraße des aus Ruinen wiederauferstehenden Ostberlin, des Berlin, das auch sichtbar Hauptstadt der DDR werden sollte. Bis zur Entstalinisierung hieß diese repräsentative Achse Stalinallee. Am schlimmsten waren die am Bau der Stalinallee beteiligten russischen Architekten, behauptet Frau Henselmann, die russischen Architekten wussten immer alles besser. Am die sozialistische Prachtstraße erweiternden Strausberger Platz entwarf Hermann Henselmann auch das Haus des Kindes, einen Wohnturm mit Kindertagesstätte, Puppentheater, Kindercafé im obersten Stock und integriertem Kaufhaus für Kinder. Henselmann entwarf die Bauten um den Leninplatz, den Berliner Fernsehturm und die ostberliner Kongresshalle. In Blickweite des Hauses des Kindes, am Alexanderplatz, steht sein noch immer sogenanntes Haus des Lehrers

Im Haus des Kindes, erzählt Frau Henselmann, kam es zu einem Zwischenfall: Tschu-En-Lai, Maos Außenminister, blieb bei einem Staatsbesuch im Lift stecken, sowas vergisst man nicht. Ich kenne jede Heizungsverkleidung, sagt Frau Henselmann über das Haus, in dem sie seit Jahrzehnten lebt

Frau Henselmann sagt: Große Straßen sind berlinerisch. Unsere Vorstellungen gingen damals ja viel weiter. Wir wollten, dass die Stadt in Form eines Bandes wächst. Eine langgezogene Bandstadt von Berlin bis Hamburg, viel Grün drum herum und zwischendurch auch mal nichts (Zeitzeugen bestätigen: der Sozialismus roch nach Flieder und Krokus)

Ganz Berlin driftet langsam nach Osten. Die ganze Karl-Marx-Allee hat mit Mitteleuropa nichts mehr zu tun. (Die Wiedervereinigung hat diese Prozesse nur beschleunigt.) Das Erstaunliche an der vormaligen Stalinallee ist, daß sie einen wie keine andere Stelle in Berlin augenblicklich in den klassischen europäischen Osten versetzt, mindestens nach Warschau, eher aber doch in breite Prachtstraßen des weltmächtigen Moskau. Was sollte die im Zuge der neuen Weltordnung folgerichtig erwogene doppelte Rückbenennung in Frankfurter Allee daran ändern?

Nix Allee, aber immerhin Straße. Wie, fragte ich den ausgewiesenen Briefträger vor der Bäckerei in der Karl-Marx-Straße drüben im fernen Neukölln, konnte die Karl-Marx-Straße im Westen den kalten Krieg unbeschadet überleben? Ich nehme an, das sage ich dazu, der Fall liegt ähnlich wie beim Max-Weber-Platz in München, und der im Westen mit einer Straße geehrte Karl Marx ist ein ganz und gar unbekannter, ein allenfalls lokal bekannter Karl Marx, der sich auf irgendeine rührende Weise gemeinnützig gemacht hat

Wo Karl Marx badete, flüstert das Wasser. Wo Karl Marx badete, stand natürlich ein Denkmal. Spree-Halbinsel Stralau? Wo ein Denkmal steht, muss man natürlich hin. Denkmäler und Merkzeichen. Denkmäler und Gebäude mit Denkmal-Charakter. Charakterlose Gebäude und solche mit eigenem Charakter. Trotzkis Pamphlet vom Sieg des bolschewistischen Amerikanismus über den kapitalistischen Amerikanismus liegt schon seit Stalin auf Eis. Fachdiskussionen architektonischen Inhalts. Kleine bauliche Veränderungen. Kleine historische Korrekturen. Alleen bis an den Stadtrand verlängert: französischer Amerikanismus

Es war nur mal eben um das Abfahren dieses kaum mehr erkennbaren Streifens zwischen Mitte und Kreuzberg gegangen, rechts ein Neubau mit irgendeinem Emblem in Bundesfarben, seriöse Architektur im Nachwendestil, als plötzlich von der Leipziger Straße her Sirenen immer näher kamen, irgendein kleiner Banküberfall, dachte ich, sah wieder auf das Gebäude, Bundesdruckerei stand da, was machen die dort wohl genau, blöde Frage, da bogen die ersten Streifenwagen auch schon mit Affenzahn, Drehlicht und Horn in diese Kommandantenstraße ein, gefolgt von zwei unförmig gepanzerten Lastwagen, dahinter dann wieder Polizei, ich musste das natürlich gleich fotografieren, wie ich zuvor gerade all die tollen Drei-Buchstaben-Akronyme an der Heinrich-Heine-Straße fotografiert hatte, ein trüber Tag, nichts mehr Hochsommer-Frühling, der Blitz schaltete sich ungefragt ein, noch ein Foto, noch ein Blitz und schon sah ich mich umringt von diesen jungen Leuten in Panzerwesten und umgehängten Maschinenpistolen, während die zyklopischen Panzerwagen durch ein plötzlich sich öffnendes Tor im Schlund des Bundesneubaus eiligst verschwanden, es sei strengstens verboten, diesen Konvoi zu fotografieren, mein Film werde jetzt beschlagnahmt, Kollegen dort hinten im zivilen BMW würden jetzt meine Personalien aufnehmen, die sprachen pfälzisch, ja, man komme mal eben aus Mainz, aber was genau, das könne man mir natürlich nicht sagen. Fiction, non-fiction? Das Neue Berlin

Abb.: Satellitenbild Berlin

Bereitschaftspolizei Mainz

Sicherstellung Ihres Fotofilms am 18.05.2000
hier: Rückgabe der nicht sicherheitsrelevanten Bilder

Sehr geehrter Herr N.,

am 18.05.2000 fotografierten Sie einen Konvoi unserer Einheit in der Kommandantenstraße in Berlin.
Da wir unsere Sicherheitsinteressen gefährdet sahen, mussten wir Ihren Film gemäß § 22 Nr. 1 POG sicherstellen. Für Ihr Verständnis und Ihre Kooperation bezüglich dieser Maßnahme danken wir Ihnen.

Anbei senden wir Ihnen die nicht sicherheitsrelevanten Bilder zurück.

Im Auftrag

Stefanie Pütz
(Polizeimeisterin z.A.)

Meldung, Februar 2004
Aufgehoben – Musterdorf kein Denkmal mehr

Das erste nach sozialistischen Idealen angelegte Neubauerndorf auf dem Gebiet der früheren DDR (Architekt Hermann Henselmann) steht nicht mehr unter

Denkmalschutz. Damit sei dem massiven Druck der Bewohner des 1946 begonnenen Projektes im thüringischen Großfurra-Neuheide Rechnung getragen worden

weekends in Munich

französischer Hedonist, die Muschelbrunnen im Diana-Tempel besingend

spanischer Kunststudent, die Bogengänge des Münchner Hofgartens skizzierend

amerikanischer Lyriker mit Begleitung im Café im Münchner Hofgarten sitzend

Augsburger Dichter mit Begleitung im Café Hofgarten sitzend. Braunauer Politiker gleichzeitig mit Begleitung (officers in civilian dress?) am Nebentisch sitzend. Der braunauer Politiker vom Nachbartisch hilft jüdischer Begleitung beim Aufstehen in den Mantel. Er will seiner Begleitung mit gutem Benehmen imponieren

Sohn eines Nazidichters mit amerikanischem Begleiter unter Drogeneinfluss von der Ruine des Armeemuseums via Kriegerdenkmal, Diana-Tempel und Hofgartentor Richtung Odeonsplatz schlendernd

(keine Frauen – außer Diana)

One, two, drunk! Müsste München sein: Monaco di baviera, Monaco di birra, Mjunik. 48°13' nördlicher Breite, 11°50' östlicher Länge. WOM für World of Munich

Die Stadt, in der wir leben, hat keine acht Millionen Einwohner (die Stadt, in der wir vorwiegend leben, hat weniger als acht Millionen Einwohner). Die Stadt, in der wir leben, hat keine vier Millionen Einwohner (die Stadt, in der wir leben, hat weniger als vier Millionen Einwohner). Die Stadt, in der wir leben, hat keine zwei Millionen Einwohner (die Stadt, in der wir leben, hat weniger als zwei Millionen Einwohner). Die Stadt, in der wir leben, hat keine Million Einwohner (die Stadt, in der wir vorwiegend leben, hat mehr als eine Million Einwohner)

Der Klang von Mjunik ist schwer zu beschreiben. Im Hofgarten klingt Mjunik anders als im Trappentreu-Tunnel. Unter der Donnersberger Brücke klingt Mjunik anders als auf dem Dach von Uptown Munich

das Basislager

die Stadt, in der wir vorwiegend leben
der Staat, in dem wir vorwiegend leben
das System, in dem wir vorwiegend mehr oder weniger freiwillig leben

Schwabinger Krawalle: es ging um Musik. Die Wiederentdeckung von Silver Convention auf der Fahrt durch die elektrisierte Stadt. Munich kommt von music, soweit man weiß. Names, big names. Mjunik gilt als kunstsinnige Stadt, so steht es ultrafett und auf ewig geschrieben. Kaum hat Hubert Burda gekauft, gilt auch jüngere Kunst hier als absolut amtlich

Darstellung – Gegendarstellung: das Gegenteil von Kunst kann auch lustig sein

wie viel Gegenwart verträgt die Gegenwart?
wie viel Gegenwart hält die Gegenwart aus?

Sprachen über die Gegenwart. Auf dieser Bank vor den de-Chirico-Bögen, auf dieser Bank vor dem Kunstverein sitzend. Die Gegenwart als alles und als nichts. Die Gegenwart dauert deutlich kürzer als eine Sekunde. Gegenwartskunst sei schon im Augenblick ihrer Entstehung eine Kunst der Vergangenheit. Was also soll das mit der Gegenwartskunst? Was also, fragt Sabine, soll das mit der Kunst?

Darstellung: tatsächlich ist die bayerische Landeshauptstadt im Grunde ihres Herzens ein durch und durch reaktionäres Nest, das nur wegen einer Kette von Oppositionsdesastern und Zufällen von einer permanenten Übergangsregierung halbwegs liberal regiert wird

Gegendarstellung, später: immerhin sei Mjunik groß genug, dass man den realen Schauplätzen seiner Negativ-Klischees ausweichen, dass man den realen Schauplätzen seiner Negativ-Klischees, die einen selbst am meisten nerven, aus dem Weg gehen kann

muss man/müsse man anderswo doch ganz genauso

48°13' nördlicher Breite, 11°50' östlicher Länge. Die Zeitzone, in der wir leben (all times Central European Time). Galeriestraße, Hofgarten-Arkaden. Mal eben hier das Umfeld prüfen!

der Hofgarten als Mutters Lieblingsort und -aufenthalt im höheren Alter

Opposite, clockwise from top left: aus der Maximilianstraße eben an den Hofgarten gezogen, das Schuhmann's. Charles Schuhmanns legendäres Schuhmann's. Schade, sagt Sabine, dass die allermeisten Besucher der Bar nicht halb so cool sind wie ihr Wirt und sein Personal. Stingverehrende Feuilletonwichtl, die Helmut Newton allen Ernstes für den bedeutendsten Fotografen aller Zeiten halten

Heute im Tiefdruck: die neue Bar von Charles Schuhmann als detailgetreues LEGO-Modell. Das für die Vorweihnachtsausgabe angefertigte Sondermodell wiegt stolze sieben Kilo

Gute Tat klingt gut. Kunstsponsoring statt Ablassbriefen. Tory-Gelder zu Young Brit Art verwandeln. Tue Gutes und sprich drüber. Art Consultant Stefan Shaw (Artmatters, München) sagt: Bei der Akquise konzentrieren wir uns auf die Unternehmen des Dax 30 bis 100

Eins weiter: der Schirmer-und-Mosel-Showroom. Hier wohnen Laurie und Pamela Anderson, Stephen Shore und Helmut Newton unter einem Dach

Noch eins weiter: ein Kunstantiquariat, sieht ziemlich preziös aus. Münchener Bürgerliche Baukunst der Gegenwart. Eine Auswahl von charakteristischen öffentlichen und privaten Neubauten. Abteilung II: Wohnhäuser und Villen in Renaissance und in mittelalterlicher Bauart, München 1899

A weekend in Munich/Münchner Hängung. Das Schöne und Gute mit dem Bösen und Hässlichen vergleichen. Der drohenden Totalvernigggerung der Kunst vorbeugen! Keine Kunstausstellung, eine Dokumentation: aus der Art geschlagene Kunst mit artgerechter, arischer Kunst vergleichen – Riesenandrang. München, 1937: Das Böse und Hässliche mit dem Schönen und Guten vergleichen: der kurze Weg von der Ausstellung Entartete Kunst in die Große Deutsche Kunstausstellung und zurück. Die paar Meter: von der Galeriestraße am Hofgarten in die Prinzregentenstraße und an den Hofgarten zurück. Leicht an einem familiären Sonntagnachmittag zu machen. Extra-chaotische Hängung am Hofgarten. Der Weg von der beengten Ekel-Schau Entartete Kunst in die Große Deutsche Kunstausstellung im neuerbauten Haus der Deutschen Kunst und zurück. Kunst mit ihrem Gegenteil vergleichen, Schnellkurs in zwei Stationen

Die heutigen Räume des Kunstvereins als ehemaliges Behältnis der Ausstellung Entartete Kunst. Die Räume des Kunstvereins an der ehemaligen Grenze zwischen definitiv drinnen und definitiv draußen. Die Hofgartenarkaden als Umfassungsmauer des Lustgartens der Residenz der bayerischen Wittelsbacher-Herrscher. Die

Umfassung des Hofgartens als befestigte Stadtgrenze. Oh Boy, It's a Girl/Oh Girl, It's a Boy! Der Kunstverein arbeitet weiter an der Verwischung mit aller Gewalt verteidigter Grenzen

Leicht versetzt, Grünschneise Richtung Englischer Garten: Der Tempel der Deutschen Kunst in der Hauptstadt der Deutschen Kunst, auch Hauptstadt der Bewegung. Heute: Haus der Kunst. Heute im Tempel: Utopia Station. Viele Stationen. In den Tempelkatakomben: das P1. Das von Stammgästen verschwörerisch so genannte Stüberl, Prinzregentenstraße 1. World of Munich. Nach dem Schuhmann's ab ins Stüberl! BILD-Party im P1. Wahnsinn! Matteo Thuns Hunting Points, Matteo Thuns Friction Points. Kai Diekmann war auch da: Wahnsinn!

Jebb Low sagen: history for real
Fischli und Weiss sagen: die sichtbare Welt
Gilbert und George sagen: we don't like reality

Kurz nach dem Ende der Monarchie, kurz nach dem Ende der Räterepublik, kurz nach der Installation der Ordnungszelle Bayern: Waste Land, section one, The Burial of the Dead. Summer surprised us, coming over the Starnberger See / With a shower of rain; we stopped in the colonnade / And went on in sunlight, into the Hofgarten / And drank coffee, and talked for an hour

Glaube versetzt Berge – Burton zu Vesper: die Nazis haben Massenveranstaltungen gegen Einsteins Relativitätstheorie abgehalten. André Gides Hofgartenerlebnis mit T.S. Eliots Hofgartenerlebnis mit Bernward Vespers Hofgartenerlebnis vergleichen. Am meisten liebt Mutter die dunkelrosa blühenden Kastanien. Warum Eliots Waste Land ausgerechnet am Starnberger See beginnt, weiß kein Mensch. Der Hofgartentrip als Hofgartenerlebnis. Schlüsselstelle. Warum sich Bernward Vesper für seinen Trip ausgerechnet den Hofgarten aussuchte, weiß nur er selbst. Der Trip/Die Reise. Diana-Tempel. Kriegerdenkmal. Ruine des Armeemuseums. Außer zwei Gärtnern und seinem Begleiter keine Menschenseele. Eine späte Nacht, die am morgendlichen Odeonsplatz endet. Was als konkretes Gespräch über Judenhass beginnt, driftet immer mehr in Richtung nonverbales Drogennirwana

Hauptstadt der Bewegungslosigkeit. Was reden eigentlich Polizisten, wenn sie siebzigmal zu zweit um einen Gebäudekomplex patrouillieren? Clockwise, drei Uhr: folgerichtig hat nicht viel vom Bayerischen Armeemuseum den Zweiten Weltkrieg überstanden. Genug immerhin, um die Bayerische Staatskanzlei drum herumzubauen. Folgerichtig agiert von hier aus der Ministerpräsident. Tradition und Fortschritt: der Bauherr, war zur Eröffnung zu lesen, hat im Stahl- und Glasneubau ein holzgetäfeltes Stüberl einrichten lassen

The burial of the dead: das Kriegerdenkmal als Gruft. Die ewigen Boulespieler auf den Kieswegen nerven ein bisschen (nicht sehr, aber immerhin doch ein wenig)

Sommer 2006: Im Schatten der Bäume zwischen Kriegerdenkmal und Diana-Tempel sind Filmleuchten aufgebaut. Kameras. Von einem unscheinbaren Zentrum wegstarrende Leibwächter in dunklen Leibwächteranzügen, Hände hinterm Rücken. Der Ministerpräsident gibt ein Interview im Sitzen. Der Ministerpräsident gibt sich leger. Der Garten ist sein Park (hier hält er Hof). Die Kanzlei bleibt Hintergrund – der Ministerpräsident hat sie sichtbar volksnah verlassen. Idyllische Szene, muss auch ich fotografieren

utopia station: den psychedelisch-utopistischen SPUR-Bau anstelle der grottenhässlichen Staatskanzlei volksnah im östliche Hofgarten errichten

Clockwise, sechs Uhr: die Residenz zuletzt als Residenz des Christian Weber. Standesgemäßes Wohnen eines verdienten Hitler-Günstlings. Nach dem Weltvernichtungskrieg waren nur noch wenige Quadratmeter des ungeheuer weitläufigen Daches intakt. Die Residenz am Hofgarten als Rekonstruktion der zertrümmerten Residenz der (zuvor) bayerischen Könige. Keine Sprengungen durch die SED. Keine SED weit und breit. Berlin will das auch: die Rekonstruktion des Stadtschlosses. Zeitmaschine, kleiner Umweg. Soldaten einer Räterepublik bewachen sämtliche Schlossportale. Der erste Freistaat. Der erste Ministerpräsident. Der Vorgänger all seiner Nachfolger

Leicht versetzt: Blickachse zum Odeonsplatz. Was ist aus der Blutfahne eigentlich geworden? Zu Carl: Our 9.11. occured in November. Our 9-11 was definitely homemade. Draußen, zurück auf dem Platz. Ein Tag, der auf dem Odeonsplatz endet. Aus Florenz die Feldherrenhalle, aus Rom die echt hübsche doppeltürmige Kirche. Geschmackvolle Importe, sauber platziert. Zur Rechten, beim Innenminister, brennt noch Licht. Von unten beleuchtete Wolken über dem ganzen sichtbar Wärme abstrahlenden Gemäuer. Wahnsinnig schnell und niedrig ziehende, von der Stadt selbst beleuchtete Wolken all over Mjunik. Psychedelische Szene

Nach Niederlegung des Schwabinger Stadttores Schaffung von Odeon und Odeonsplatz an der Westseite des Hofgartens. Ab 1938 Planung einer Vergrößerung des Odeonsplatzes samt östlich zurückversetztem Neuem Odeon, Überbauung der westlichen Hälfte der Gartenanlage

Abb.: Modell des Neuen Odeon am Münchner Hofgarten (Ernst Haiger), 2. Architektur- und Kunsthandwerkausstellung, 1939, Haus der Deutschen Kunst

Abb.: Neues Odeon, Fassadenlänge 130 m, elfachsiger Portikus mit eingestellten Kolossalpfeilern, Freitreppe an der Frontseite. Nutzung unklar, nicht ausgeführt

Abb.: Halle der Helden, Münchner Hofgarten. Erweiterung des Armeemuseums in mehreren Varianten (1934-38), Entwürfe Alker und Bestelmeyer. Nicht ausgeführt

Luft
Gau
Kommando

Das fieseste Gebäude der Stadt? Die fieseste Architektur der Stadt? Das fieseste Architekturdetail der Stadt ist ein Fassadenelement an einem staatlich genutzten Gebäude in der Prinzregentenstraße. Was könnte der fieseste Ausdruck eines ausgesprochen fiesen Menschenbildes sein? Der menschliche Kopf als Würfel – bedeckt von einem gleichfalls in Stein gehauenen Stahlhelm: der ideale Soldat. Würfelköpfe als Fenstersimse. Wer denkt sich sowas aus? Ein Präsident der münchner Akademie der Bildenden Künste, durch eine spezielle historische Konstellation zum vielbeschäftigten Staatsarchitekten berufen

Held der Arbeit: German Bestelmeyer. German Bestelmeyer als Ästhet. German Bestelmeyer als Akademiepräsident. German Bestelmeyer als Alter Kämpfer schon vor dreiunddreißig. German Bestelmeyer als Architekt des Komplexes Luftgaukommando VII an der münchener Prinzregentenstraße. Auftrag von Reichsjägermeister Hermann Göring: von hier aus sei der rasante Ausbau der bayerischen Luftfahrtindustrie zu steuern. Zeit des Übergangs. (Bemerkenswert, dass so ein Traumziel im Luftkrieg von ausländischen Kollegen bis zum Schluss nicht zerstört wird)

Hauptstadt der Bewegungslosigkeit: Nazi klingt wie Bazi. In Oberbayern zumindest. Das fieseste und eines der größten Nazi-Gebäude der Landeshauptstadt ist seltsam leicht zu übersehen. Seiner spektakulären Umgebung wegen? Seiner banalen jetzigen Nutzung wegen? Seiner schieren Größe wegen, die auch noch die fiesesten Details zu verstecktem Zierrat degradiert? Kaum aus dem Tunnel unterm Prinz-Carl-Palais aufgetaucht und ausgespuckt, sieht man ja erst mal sonstwohin

Linker Hand: das Haus der Deutschen Kunst. Rechter Hand und sauber achsensymetrisch: das Haus der Deutschen Architektur (kriegsbedingt dann doch nicht verwirklicht). Rechte Straßenseite, weiter Richtung Isar: Prinzregentenstraße 28. Bestelmeyers Luftgaukommando, auf den ersten Blick harmloser als die wesentlich kleineren (und berüchtigteren) Parteibauten an Arcis- und Meiserstraße. Stilisierte Schmiedeeisenhakenkreuze als Fenstergitter: geschenkt. Denkmalschutz für Denkmäler! Schon fieser: die Eisentor-verriegelte Ministeriumseinfahrt von der Oettingenstraße her – flankiert von zwei gewaltigen, aufgeständerten Helmtorsi. Abwehrzauber hält die Außenwelt, hält auch den Fotografen auf Abstand. Erstarrte Torwächter mit Waschbrettbäuchen. Statt Hälsen wachsen ihnen Pfähle aus dem

Rücken, eckige Pfosten, auf denen pompöse Helme aufsitzen. Kein Kopf, nicht mal ein Würfel. Sowas gibt's auch am nahen Hofgarten, sowas hat auch seinen Platz in der Kunstgeschichte militaristischer Architektur, aber auf dem Hofgartentor ist statt versteinerter Haut nur versteinerte Uniform zu sehen – sieht dann eher wie ein martialischer Kleiderständer aus

Denkmalschutz für Denkmäler! Münchner Fassadenpreis 2004. Staatsministerium, Hausadresse Prinzregentenstraße 28. Der Skandal ist ja, dass in solchen Gebäuden echt lebende Menschen echt arbeiten müssen. Menschenrechte für Ministerialbeamte! Muss man sowas stehenlassen? Keine Frage. Kann man in sowas auch nur einen einzigen klaren Gedanken fassen? Wohl ausgesprochen schwierig. Bayerisches Staatsministerium für Wirtschaft, Infrastruktur, Verkehr und Technologie. Home of Magnetschwebebahn und Startbahnprophylaxe. Der Bayerische Staatsminister für Wirtschaft, Infrastruktur, Verkehr und Technologie wirkt hier. Brain of Laphosen und Ledertops. Eindeutig das neubayerischste aller bayerischen Ministerien. Innovativer als Staatskanzlei und Wildbad zusammen. Paar Fotos von außen. Protziges, adler- und balkonverziertes, aber drunter doch irgendwie klein geratenes Portal. Naiver Versuch, einzudringen. Schon beim Betreten des Eingangsvorraums wird der Besucher aus einem Meter Entfernung über Lautsprecher angebellt. Glasscheibe. Klar, dass man hier etwas nervös ist

Muss man sowas stehen lassen? Carl: Kann man sowas nicht auch einfach vorsichhinverfallen lassen? Bis Hitlers ersehnter Ruinenzustand ganz von selbst erreicht ist? So nach zirka tausend Jahren

Zeiten des Übergangs

Weiterführende Literatur: German Bestelmeyer – ein Architekt in einer Zeit des Übergangs. Zu seinem 125. Geburtstag. In: Schönere Heimat, 3/1999

Dyckerhoff und Widmann baut eine Kaserne an der Ingolstädter Straße. Riesenauftrag. Die Firma braucht ganz junge Leute

Flugmotorenwerk von BMW. Kategorie kriegswichtig

Flugzeughallenbau in Riem. Vater als ganz junger Bauleiter. Hallen in freigespannter Fachwerkbindung (reimt auf: tollkühne Erfindung). Verspannt durchs eigene Gewicht (reimt auf: damit nichts aufs Flugzeug runterbricht). Kategorie kriegswichtig

Bis zur Olympiade gab es am alten, dem Riemer Flughafen diese Aussichtsplattform gleich vor dem Tower. Das muss man sich mal vorstellen: zu den 20. Olympischen Sommerspielen wurden noch alle internationalen Flüge auf dem alten Riemer Flughafen abgewickelt. Das fiese Röhren der Düsentriebwerke in der Meraner Straße, die direkt unter einer der Haupteinflugschneisen lag. Bis zu den 20. Olympischen Sommerspielen galt das Trinkwasser des Austragungsortes als nicht besonders gefährdet

Wiederaufbau der gesprengten Reichsautobahnbrücke über die Mangfall. Verbreiterung der Autobahnbrücke über die Mangfall. Bau der Trinkwasserleitung vom Taubenberg in die Residenzstadt. Bau der Trinkwasserleitung von Loisachtal in die Landeshauptstadt

Bau des Wasserhochzonenbehälters für die höher gelegenen Stadtgebiete im Forst bei Baierbrunn. Pilzsäulen im kristallklaren Trinkwasser tragen die Decke. Vater als Oberbauleiter, der jeden Tag müde und erschöpft nach Hause kommt, trägt ganz allein die Decke. In einer einzigen Biographie vom Heimatschutzstil des Bozener-Straße-Häuschens über die überraschend funktionalen Dreißigerjahre-Bauten des späteren Flughafens MUC I zu der eleganten unterirdischen High-Tech-Architektur des Wasserhochzonenbehälters bei Baierbrunn, die leider niemand sieht

Panzerwiesen, Hasenberge

Auf Umwegen in die Städte gezogen. Auf dem Umweg über die Dörfer in die Vorstädte gezogen. Auf dem Umweg über die Vorstädte eines Tages richtig in die Stadt hineingezogen. Auf dem Umweg über die Städte in die Vorstädte hinausgezogen. Vorstädte zu Teilen der Städte selbst erklärt. Aus der Traufe immer wieder in den Regen gestiegen und zurück

wo waren wir sitzen geblieben?

Mobilien. Immobilien

Dativ: Wem gehört die Stadt? Wem gefällt die Stadt? Wem gefällt welches Stadtviertel und warum? Akkusativ: Wen vereinnahmt die Stadt? Und wen spuckt sie wieder aus?

Welche Einwohner hat die Stadt selbst am allerliebsten?

Der Staat, in dem wir leben. Das System, an dessen Rand ein paar bizarre Minderheiten leben. Immer wollten wir Monopoly spielen, nie wollten wir Halma spielen.

Wenn, dann wollten wir ein Gesellschaftsspiel spielen, bei dem man über die tieferen Geheimnisse der Gesellschaft etwas lernt

Wem gehört die Straße? a) Relevante Viertel und b) Viertel, die für die Mitspieler weit weniger attraktiv sind, c) Viertel, die für Spekulanten überhaupt nicht attraktiv sind

Mobilien/Immobilien: der BMW als Religion des Opel. Das Loire-Schlösschen als Religion der Doppelhaushälfte. Die Doppelhaushälfte als Religion der Wohnung im Rückgebäude. Das Häuschen im Grünen als Religion des Häuschens im Grauen. Frische Luft, was nun?

Die Siedlung am Waldrand. Der Wald am Rand der Stadt. Das Hochhaus in der Siedlung am Waldrand ist das Hochhaus in der Siedlung am Stadtrand. Hochhaus ist relativ. Bundesbauverordnung sagt: Ab acht Stockwerken ist es ein Hochhaus. Der Blick aus dem hohen Haus in der Siedlung am Waldrand ist der Blick vom äußersten Rand der Stadt in Richtung ferner Stadtmitte. Sie liegt im Süden. Bei entsprechender Wetterlage sind dahinter noch alpine Bergketten zu erkennen. Nicht alle Wohnungen sind südlich ausgerichtet. Nicht alle Gebäude der Siedlung sind Hochhäuser. Manche Gebäude der Siedlung sind sich horizontal ausstreckende Zeilenbauten. Manche Bewohner sind auch tagsüber zu Hause. Nicht alle Bewohner des Viertels sind regelmäßig zu einer bezahlten Arbeit unterwegs

Let's get lucky, visit us at Luckyville. Das Ideal: Waldlichtung mit U-Bahn-Anschluss. Früher Trambahn, jetzt U-Bahn. Leute, die freiwillig in die Vorstädte ziehen. Leute, die notgedrungen in den Vorstädten wohnen. In every dreamtown a heartache. Leute, die freiwillig in Vorstädte ziehen, mit Leuten, die notgedrungen in Vorstädten wohnen, vergleichen. Retortenstädte, Trabantenstädte. Stadtähnliche Vorstädte mit gebäudeähnlichen Bauten. Stadtähnliche Städte mit richtigen Städten vergleichen

could be Rome
could be Milwaukee
could be Tiflis

Von unten beleuchtete Wolken über der Stadt im Süden. Non-place, urban fields: schnell ziehende, von der Stadt beleuchtete Wolken. Wenn nichts endlos ist, dann besteht die Welt aus endlich vielen Ballungsräumen aus endlich vielen Städten

Orte, die man aus dem Fernsehen kennt. Orte, die man nicht aus dem Fernsehen kennt. Antennenhaushalte, Satellitenhaushalte, Kabelhaushalte. Die wirkliche Welt: in der Dämmerung aus einer Wohnung in andere Wohnungen sehen, in denen andere Fernseher laufen. Das Zimmer, der Laut, die Stärke. Wenn alles wirklich ist, dann besteht die wirkliche Welt aus wirklichen Bildpunkten auf wirklichen Bildschirmen in wirklichen Räumen. Wenn nichts endlos ist, dann besteht die Welt aus endlich vielen Bildern: hier in diesem Block in dieser Straße gibt es keine zwei Bildschirme, die auch nur annähernd das gleiche Programm ausstrahlen würden

Gemeinsam eine Situation besprechen – Situation 2 (Luftschall, Trittschall)

Ihr Nachbar lässt immer wieder spätabends seine Musik laut laufen. Sie können nicht schlafen. Besprechen Sie mit Ihrem Gesprächspartner/Ihrer Gesprächspartnerin das Problem und überlegen Sie, was man machen kann

Warum stört Sie die Musik?
Welche Vorschläge haben Sie, um das Problem zu lösen?
Gibt es noch andere Probleme mit dem Nachbarn?

Ausfallstraßen
Einfallstraßen

könnte Köln sein
dürfte Düsseldorf sein
müsste München sein

Musik für kreuzungsfreie Vorfahrtstraßen
Musik für Stadtautobahnen

Auf der Suche nach der richtigen Musik für die jeweilige Umgebung. Industrielandschaften. Stadtlandschaften. Agrarlandschaften. Stadtrandlandschaften. Zur jeweiligen Landschaft passende Musik aussuchen. Oder umgekehrt und wesentlich dekadenter: in zur Musik passende Stadtteile fahren

Quellverkehr. Zielverkehr. Einfallstraßen, die neun Stunden später zu Ausfallstraßen werden. Die Schleißheimer Straße als hässlichste Straße von allen. Die Schleißheimer in ihrer Hässlichkeit nur mit der Ingolstädter zu vergleichen. Die Schleißheimer Straße als Sackgasse. Die ehemalige Chaussee von der Residenzstadt zum Lustschloss im Norden als Sackgasse. Wendeschleife am Goldschmiedplatz. Hier hört die Welt auf. Die Siedlung Hasenbergl am Ende einer Sackgasse. Der ehemalige Militärflughafen als Barriere vor Schleißheim. Statt der Schleißheimer führt jetzt die Ingolstädter Straße von der Landeshauptstadt hinaus ins expandierende Schleißheim

Kiefernwald, lichter Föhrenwald – hier fängt der hohe Norden an. Könnte Berlin sein. Ab hier alles flach bis zur Nord- oder Ostsee. Das Frauenholz. Die Baracken im Frauenholz für die Kursteilnehmer an der Fliegertechnischen Schule am Flughafen Schleißheim. Anfangs. Das Kriegsgefangenenlager im Frauenholz. Später. Das Lager Frauenholz als Displaced-Persons-Lager nach dem Zweiten Weltkrieg. Bedingungen, die jede Verspottung beschreiben. Ehemalige KZ-Häftlinge und Zwangsarbeiter. Russische Soldaten der antisowjetischen Wlassow-Armee, die nicht heimkehren konnten. Das Assembly Center. Menschen aus 48 Nationen. Volksmund sagt: das Russenlager. Polizeiakten wissen es besser. Polizeiakten sagen: der größte Schwarzmarkt des Landes

Aktenkundig sind nicht mietfähige Personen. Was sind nicht mietfähige Personen? Zweistöckige Steinbauten in Schlichtbauweise als Ersatz für die Lagerbaracken.

Notwohnanlage Frauenholz für Obdachlose. Fälle wurden besprochen, wonach Leute bei Stellenbewerbungen abgewiesen wurden, weil sie angaben, dass sie im Frauenholz wohnen, das nicht mal Straßennamen führt. Der einschlägig vorbelastete Name Frauenholz, wird gefordert, soll endlich verschwinden. Schon besser: Notwohnanlage Frauenholz für obdachlose Münchner. Wer jahrelang einen Bogen um das Ausländerlager gemacht hatte, konnte jetzt wieder erleichtert und zuversichtlich von deutscher Wohnkultur schreiben

Alter Name, altes Image. Neuer Name, neues Image. Neues Jahrzehnt. Die Sechziger. Als Ausweg vorgeschlagen wird der Wechsel zur neutral-technischen Ortsbezeichnung München-Feldmoching II F. Dieser Name wird allgemein als unmünchnerisch empfunden. Von der Verwaltung vorgeschlagen werden ferner Siedlung am Föhrenwald oder Parksiedlung am Hasenbergl. Geplant ist eine Großwohnsiedlung. Was sich als praktisch durchsetzt, ist der Name Hasenbergl – ohne Zusatz. Dieser Name wird als ausreichend münchnerisch empfunden. Straßenzüge werden in Erschließungspläne eingezeichnet. Straßen nach Goldschmiedemeistern benannt, hat was

Vier Siedlungen machen eine Großwohnsiedlung. Siedlung am Hasenbergl, Hasenbergl Süd, Hasenbergl Nord, Hasenbergl Nordost. Zeilenbauweise, Punkthäuser, durch Grünbereiche gegliedert. Städtebauliche Dominanten sind die beiden Kirchen. Kunst am Bau, 1974 werden zwei von den Bewohnern selbst ausgewählte Brunnenprojekte eingeweiht: Die Familie im Wind (so der eine), Kleiner Seelöwe (der andere)

Munich elevation: Das namengebende Hasenbergl selbst ist acht Meter hoch. Der von wiederaufgefüllten Schützengräben durchzogene und schon in alten Katasterplänen als Hasenbergl ausgewiesene Hügel ist acht Meter höher als seine flache Umgebung. Die Hochhäuser und die Wohnblocks in Zeilenbauweise umgeben den zu erhaltenden Grünzug mit der für das Viertel namengebenden Erhöhung

Zeitmaschine, kleiner Rückblick. Der münchner Norden als gewaltiges Aufmarschgebiet im Königreich Bayern. Die nordwestlich gelegene Vorstadt Neuhausen als sogenanntes Kasernenviertel. Das Oberwiesenfeld als riesiger Exerzierplatz. Der ständig expandierende Flughafen Oberwiesenfeld verdrängt das Exerziergelände nach Norden. Ein Gürtel neuer Kasernen entsteht und verteidigt die Residenzstadt nach Norden

Artillerie wird durch Panzerkräfte ersetzt. Vom baumlosen Hart bleibt die sogenannte Panzerwiese übrig. An der Ingolstädter Straße entsteht die SS-Kaserne. Baustellenschulung bei Dyckerhoff und Widmann: Vater als neu eingestellter Ingenieur beim Bau der Kaserne an der Ingolstädter Straße. (Baustellenschulung hat bekommen reimt auf: zu seinem Nutz und Frommen). Ein weiterer verlorener Weltkrieg setzt amerikanische neben deutsche Kasernen. Gewaltige Sperrgebiete. StOÜbPl für Standortübungsplatz. (Militärs lieben Abkürzungen). Die schönsten Abkürzungen sind immer militärischen Ursprungs. Kein Durchkommen zur nahen Stadionbaustelle im Osten. Das Leuchten der gewaltigen Baustelle im nahen Osten. Standortaufwertung durch Starchitecture. Schweizer Markenprodukt

Vor der Kirche Maria Sieben Schmerzen: In den Fünfzigern beginnt die Caritas im Frauenholz die Ausgabe von Lebensmitteln und Kleidern unter freiem Himmel. Heute tatsächlich großer Auflauf vor der Kirche. Ausgabe von Lebensmitteln unter freiem Himmel vor der Kirche Maria Sieben Schmerzen durch den wohltätigen Verein Münchner Tafel. Catering-Reste. Sexy Munich. An guten Tagen kommen halbe Käferbuffets zur Verteilung

Schnee vom letzten Jahr: Der Haftbefehl gegen den Täter war vom Oberlandesgericht im März vergangenen Jahres außer Vollzug gesetzt worden mit der Begründung, der Pädophile habe mit seinem Handeln den ohnehin milieugeschädigten Kindern nicht weiter geschadet. Der in Solln lebende Mann soll sechs Kinder aus dem Hasenbergl missbraucht haben. Nicht der nächste Weg

Latest news: Anwohner der Hasenberglstraße in der Siedlung Harthof beklagen sich beim zuständigen Bezirksausschuss, sie müssten bei Bewerbungen massive Benachteiligungen in Kauf nehmen, obwohl sie selbst gar nicht im Stadtteil Hasenbergl wohnen. Antrag auf Umbenennung der Straße

Wohnen auf der Panzerwiese oder wohnen an der Panzerwiese? Gibt es ein Leben jenseits des Olympiageländes? Der Stadtteil Hasenbergl wird südöstlich Richtung Stadt hin erweitert. Für das Neubaugebiet wird weiterhin nach einem Namen gesucht, der möglichst positive

Assoziationen weckt. Ernstgemeinte Vorschläge bitte an das Planungsreferat der Landeshauptstadt

Die Bronx von München. BILD-München muss es wissen. Das Hasenbergl als Inbegriff. (Was BILD-München vielleicht nicht weiß, ist, dass die Bronx auch nicht mehr die Bronx ist.) Das Besondere am Hasenbergl? Um die Stadt gibt es Dutzende solcher Siedlungen. Das Besondere am Hasenbergl ist allenfalls seine Geschichte. (Um die Stadt gab es Dutzende von Lagern)

Die Ansiedlung, in der wir leben. Das Dorf, in dem wir leben. Die Marienkirche im Dorf lassen und einmal um die Doppeltürme herumcruisen? Millionen Dörfer, die ein Millionendorf bilden? (Das Dorf, in dem wir leben, hat nicht mal zwei Millionen Einwohner). Der Klang des Gemeinwesens ist schwer zu beschreiben. Auf der Donnersberger Brücke klingt Mjunik anders als auf dem Olympiaberg. Im Leierkasten klingt Mjunik anders als in der Registratur. In den untergiesinger Premiere-Bars klingt Mjunik anders als im Rattlesnake Saloon an der lerchenauer Schneeglöckchenstraße

die Lerchenau: nächstes Kapitel

Anzeige

Anzeige

Architektonische Schönheit verbunden mit funktionsgerechtem Bauen: Eternit. In München und überall

Abb.: Die moderne Fassade aus Eternit

Vom individuellen Einfamilienhaus bis zum zukunftsweisenden Punkthochhaus. Wie hier am Beispiel der Hasenbergl-Siedlung in München

Produkte: Eternit-Glasal, Weiß-Eternit und Eternit-Colorit

Abb.: Der wirtschaftliche Innenausbau mit Eternit

Von der Architektur eines U-Bahnhofs bis zur Modernisierung des Altbaus. Die Abbildung zeigt einen U-Bahnhof in München

Produkte: Eternit-Glasal, Weiß-Eternit, Isoternit und Internit

Abb.: Das funktionale Rohrsystem von Eternit

Für Trinkwasser, Abwasser und Fernheizung. In Nennweiten von NW 50 bis NW 2000. Hier bei der Verlegung von Eternit-Rohren für eine Entwässerungsleitung auf der Theresienwiese

Eternit – die Garantie der weltweit anerkannten Marke
Eternit Aktiengesellschaft Berlin
Asbestzement – Baustoff für die Zukunft

MUC – JFK – MEX

plötzliches Aufwachen plötzlich nicht mehr über offener See, plötzliches Aufwachen über endloser weißer, strukturarmer Fläche, klärende Lautsprecheransage

steifgefrorene Labradorsee, Bruchlinien im Eis, Eisschollen, die so groß wie Kanalinseln sein müssen

eingebildete Landkante oder tatsächliche Landkante?

erste eingebildet-eindeutige Anzeichen auf Unterschiede zwischen Küsteneis und Landeis

Labrador (schöner Name!): von der lebensfeindlichsten Gegend langsamschnell die Küste entlang, langsamschnell südlich erste Lücken im Frühjahrseis

new found land, erste Spuren, erste Anzeichen von Zivilisation (gut, aus 10 000 m Höhe wird es schon etwas mehr als eine Schlittenhundehütte sein)

erste kleine Siedlungen, erste größere Straßen

erste kleine Städte

erste größere Städte, dichtere Besiedlung, freeways, highways and byways

erste Großstädte: könnte Boston sein, könnte Providence sein, erste Ballungsräume, erkennbare Industriegebietwüsten

Häfen, Flughäfen, Parkplatzlandschaften, Garagenlandschaften, große Infrastrukturanlagen, immer dichter werdendes Netz aus vielspurigen Straßen, urbia sub urbia, endloses, schier endloses Vorstadtwuchern

dann wieder Schnitt, und weils die USA sind: auch jetzt noch immer wieder große Strecken dünnbesiedelte Landschaft

domestizierte, immer wieder angeknabberte, dann wieder brutalst begradigte Küste, einsetzender Sinkflug: weiter Siedlungsbrei, wir nähern uns dem Pilzgeflecht, das scheinbar nicht mehr aufhört

Sinkflug: Züge werden erkennbar, Lastwägen werden erkennbar, Lastwägen bewegen sich erkennbar, Lastwägen kommen sich auf gegenüberliegenden Spuren zielstrebig entgegen, Lastwägen stoßen nicht zusammen, dann doch irgendwo ein Unfall, sieht nicht nach Baustelle aus: Staus in beiden Richtungen (was man sieht, ist nicht der mutmaßliche Unfall, was man sieht, sind nur die beiden gegenläufigen Staus)

Landeanflug: dieses wahrhaft atemberaubende, tatsächlich immer niedriger werdende, eingebildet immer schneller werdende Dahinrasen über immer genauer erkennbare Stadtstrukturen, fast glaubt man, zu Dachfenstern hineinsehen zu können, fast glaubt man, auf irgendeiner Straße aufsetzen zu müssen

echte Bewohner, menschliche Schatten und ihre Urheber

erste, auf irgendwelche Hochpunkte aufgesetzte Rotlichter deuten die behauptete Nähe eines Flugplatzes an

weit und breit aber kein Flughafen zu sehen, jetzt wirds kitzlig, für Sekundenbruchteile die vertraute, aber sehr abstrakte Zwangsvorstellung, jetzt in irgendwelche Wohnblocks zu rasen

dann plötzlich hoher Maschendrahtzaun, Buschreihe, gemähtes Gras und seltsame weiß-rot gestrichene Objekte und Minigebäude, Teerflächen mit Markierungen, gesäumt von bunten, jetzt am Vormittag nicht leuchtenden Lichtern

EST für Eastern Standard Time

Arrival in New York (1:59) – Joe Zawinul's first impression of New York when he arrived here as a boy on a ship from Europe

erst hat es Neu Amsterdam geheißen
dann hat es New York geheißen

erst hat es Nueva Amsterdam geheißen
dann hat es Nueva York geheißen

erst hat es Neuyork geheißen
erst dann hat es auch in Deutschland New York geheißen

Hometown, My Town is Tony Bennett's tribute to New York City, and particularly that crowded cluster of buildings on Manhattan Island. But it is more than just a collection of songs about New York – indeed, only two of them are specifically about the city. Like each of

Tony's other collections, there is a theme running through the program, a consistency of mood and idea that binds the selection together and provides not only fine listening but a fascinating emotional experience. In this case, the theme is essentially that of loneliness in the city, although there are moments of brightness and companionship as well. Tony builds a compelling demonstration of his theme, aided by the brilliant arrangements and the conducting of Ralph Burns. It is a portrait of a city like no other, and the portrait itself is like no other

Konzeptkunst

The narrative begins with music outlining the excitement of the city, moving into Tony's dramatic presentation of The Skycraper Blues, with an accompaniment of bluesy voicings to underline both the grandeur and emptiness of the stone canyons. Then, after Tony's chorus, the orchestra takes over with a more sophisticated setting, featuring the harp, which provides transportation from the business district to the residental areas. Here the mood changes to one of easy contentment and companionship, as Tony sings the lovely Penthouse Serenade adapted from Matty Malneck's Park Avenue Fantasy. In this exposition, the skyscrapers take on a romantic atmosphere, and Tony sings about them in two lengthy, expressive choruses, followed by a luxurious orchestral reprise. Then the mood changes. The love affair is over, and its end is articulated in that brilliant combination of regret and exuberance, All by Myself. Here Tony provides a sharp sketch of a gentleman back on the town, introducing an airy countermelody on the second chorus

große Konzeptkunst

But this mood gives way to one of deeper melancholy as the protagonist wanders down along the dock area. I Cover the Waterfront is the song Tony has chosen, a song intitially written to mirror the success of a book written in the thirties which however, has long outlived the book. Tony's interpretation of the song is slow and beautifully moody, and Ralph Burns provides a steady rhythmic pulse in the background for effective contrast. And then, suddenly, things look up: another romance appears, stated in the form of one of the last of the Gershwin songs, Love is Here to Stay. Everything here is light and lively as Tony swings along in the brightest style. Nevertheless, the mood of Tony's city is one of regret, for his final number shows that The Party's Over. Here he sings quietly and delicately over piano accompaniment until the orchestra joins in quietly on a half-chorus. A wordless passage brings him back to the song in the second chorus. As the orchestra fades out, he finishes the song, and the music ends on soft piano chords

ganz große Konzeptkunst

Tony's affection for his hometown and its moods is evident in every note he sings; his abilities as a performer have rarely been so brilliantly demonstrated. All those qualities can be heard in this narrative, and they provide an exceptional program of music and mood

Parks
Stadtparks

zentrale Stadtparks

(wenn schon Stadt, dann auch gleich ins Zentrum)

Stadtparks mit Landschaftsparks vergleichen

die Hütten von Nieuw Amsterdam mit den Hütten vom alten Amsterdam vergleichen

New found land. Long forgotten land. Auf dem teuersten Grund der Welt wächst Gras! Auf dem potentiell teuersten Grund der kapitalistischsten Stadt der Welt wachsen Gras und 24 594 Bäume (Stand 1987, ein paar Jahre her). Als hätten hier immer noch idealistische, halbnackte Algonkin-Indianer das Sagen: auf dem teuersten Grund sind noch immer die von Gletschern glatt geschliffenen Felsen zu sehen! Manhattan, Halbinsel aus Granit, Stahl und Beton. Todesverachtende Stadtväter haben in einem fernen Jahrtausend 153 potentielle, bereits vermessene Straßenblocks für einen Stadtpark freigehalten! Genügend Platz für eine Stadt in der Stadt, ungenutzte Fläche, ungenutzter Luftraum für eine vertikale Millionenstadt in der Millionenstadt: verschenkt

Einwand fellow traveller, männlich: Als ob New York noch immer die kapitalistischste Stadt der Welt wäre. Shanghaied in Shanghai. Als ob nicht längst schon Shanghai in der immer noch so genannten Volksrepublik China, in der man sich einen Park in so einer Lage nie leisten würde, die kapitalistischste Stadt der Welt wäre. Hongkong oder Shanghai (Carl tippt auf Shanghai)

Jonathan Richmans Lonely Financial Zone, hier ist sie. Architektur des Geldes als Sprache der Macht. Business im Wallstreet District. Die Mauerstraße. Wallstreet im Business District. (Mauer, die die Kolonie vom Indianerland trennen sollte). Architektur der Macht im eigentlichen und im übertragenen Sinn. Die Architektur der Macht im eigentlichen als direkter Ausdruck der Architektur der Macht im übertragenen Sinn. Tempelarchitektur. Der Tempel als Ausdruck einer religiösen Überzeugung (NYSE für New York Stock Exchange)

Zeichensprache als Geheimsprache
Zeichensprache als offenes Geheimnis
Zeichensprache als offensive Geste

NYPD für New York Police Department
NYFD für New York Fire Department
DKNY für Donna Karan New York
CBGB für Country Bluegrass Blues (closed in 2006)
ANYP für Anti New York Projekt (gibts die noch?)

Zu Carl: Die Kathedralen des Kapitalismus sind mitunter hübsch anzusehen. Genauso wie auch die Kathedralen des Christentums oft sehr hübsch anzusehen sind. So einfach sind die Dinge nicht (die Kathedralen des Kapitalismus sind nicht alle hässlich)

Gothic. Neo Gothic. Neugotische Kathedralen des Geldes und der Macht. Auf Mittelalter getrimmtes Gemäuer türmt sich auf zu vertikalen Burgen

even New York wasn't built in a day

der Breite Weg

die Lange Insel

der Zentrale Park

der Große Apfel

Am besten kommen Parks logischerweise in möglichst großen Städten zur Geltung. Am besten machen sich Hochhäuser immer von einem Park aus gesehen. Von einem Park, über einen breiten Fluss, über einen Meeresarm gesehen. Mit Abstand. Mit Abstand am besten sehen Hochhäuser immer in der Dämmerung aus. In der Dämmerung und dabei von einem großen Wasser gespiegelt

Szenen, die Filmgeschichte machten: im Spätprogramm steht Luis Trenker als mittelloser Tiroler mit Ausreiseplänen und dem letzten zusammengesparten Geld vor einem gewaltigem Dolomiten-Panorama, und schon kommt es zu jener legendären Überblendung von den Alpengipfeln zu den Hochhäusern New Yorks. Aus geologischen Formationen wird von Menschen erbaute Architektur. Aus den bizarren Zinnen des zerfurchten Gebirges wird langsam die bizarre Skyline Manhattans. Tonio Feuersinger irrt ziellos durch die Straßenschluchten: jetzt ist Trenker Der verlorene Sohn. Das Bild ändert sich erst allmählich. Die Dolomiten und die Skyline von New York – anfangs deckungsgleich. Die Großstadt schiebt sich in den Vordergrund, das Gebirge löst sich auf. Der Tiroler Schauspieler-Regisseur als Film-Experimentator. Fragen, die das Publikum bewegen: Wird Tonio die Reise in die Neue Welt bereuen? Wird aus dem unglücklichen Auswanderer ein glücklicher Einwanderer werden? Wird er je seine in Südtirol zurückgelassene Geliebte wiedersehn?

city addicts/Stadtsüchtige: die Zugvögel und Stadtvögel im abendlichen Anflug auf die von innen heraus leuchtende Innenstadt

Angezogen von den Lichtern der Großstadt kreisen sie um die Häuser, bis sie am Morgen erschöpft zusammenbrechen: Zugvögel fliegen bevorzugt stark beleuchtete Städte wie New York an (Foto: Prisma). Jedes Jahr im Frühling und Herbst verirren sich nachts Tausende Vögel in die hellen, engen Häuserschluchten Manhattans. Prallen gegen beleuchtete Wolkenkratzerfenster, fliegen – wie Insekten – so lange im Licht herum, bis sie erschöpft kollabieren. Vogelschützer haben Eigentümer von Gebäuden mit großen Glasfronten oder mehr als 40 Stockwerken jetzt aufgefordert, die nächtliche Beleuchtung ab September radikal zu reduzieren. Ende Oktober könnten die Lichter wieder angehen, dann sei die Zugsaison vorbei

Die meisten Zugvögel seien nachts unterwegs. Dass sie durch Lichter abgelenkt werden, weiß man seit langem: Chicago und Toronto verringern seit Jahren in der Hauptzugzeit die Beleuchtung. Besonders bei feuchtem Wetter, wenn sich über großen Städten ein diffuser Lichtnebel bildet, werden Vögel von Helligkeit angezogen

Früher war es für Vögel sinnvoll, im nächtlichen Nebel zum hellsten Ort zu fliegen, erklärt Ornithologe Wolfgang Fiedler, bevor es künstliches Licht gab, war abends der hellste Ort der Himmel. Heute ziehe der sogenannte Lichtsmog die Vögel in die Städte. Um dem vorzubeugen, dürften vor allem auch externe Hausbeleuchtungen nicht an Wolkenkratzern und hohen Gebäuden vorbei in den Nachthimmel strahlen

areas to go to
areas not to go to
no go areas not to go to

Sicherheitsempfinden in Manhattan
(erwartete Tag- und Nachtkriminalität)

– bei Tag und Nacht sicher
– nur nachts gefährlich
– bei Tag und Nacht gefährlich

Gefühlte Sicherheit. Null Toleranz gegenüber allen Formen von Straßenkriminalität (größere Coups werden eher geduldet)

Bildschirmschoner, gibts das noch? Mein erster Bildschirmschoner mit dem nervösen Sternenhimmel über einer cinemascopebreiten erleuchteten Skyline. Pechschwarzer Sternenhimmel, vor dem langsam all die Lichter all dieser Wolkenkratzer aufgingen. Sternschnuppen schossen vorbei, und auf einzelnen Dächern blinkte es beharrlich. Keine Vögel

8. Dezember 1980,
Polizeifunk NYC:
Man shot.
One West 72nd

Declaration of NUTOPIA

We announce the birth of a
conceptual country, NUTOPIA

Citizenship of the country can be
obtained by declaration of your
awareness of NUTOPIA

NUTOPIA has no land, no boundaries,
no passports, only people.
NUTOPIA has no laws other
than cosmic

All people of NUTOPIA are
ambassadors of the country

As two ambassadors of NUTOPIA, we
ask for diplomatic immunity and

recognition in the United Nations of
our country and its people

signed
YOKO ONO LENNON

signed
JOHN ONO LENNON

Nutopia hat keine Adresse
Nutopia war und ist schwer zu lokalisieren
Nutopia hat eine Botschaft mit einer New Yorker Adresse:

Nutopian Embassy
One White Street
New York, New York 10013

der Nicht-Staat Nutopia hat keine Nationalhymne
der Nicht-Staat Nutopia hat eine Internationalhymne:
die Nutopian International Anthem

erster Sommer der Liebe
zweiter Sommer der Liebe
(Kapitalismus klang von vornherein nach Kapitulation)

Erwerb von Manhattan durch Tausch mit Messern und Knöpfen im Wert von 60 Gulden

Die Revolution No 9 ist vorwiegend eine ästhetische Revolution gewesen. Die Revolution No 9 ist vorwiegend eine klangästhetische Revolution gewesen. Die britische Formation The Beatles hat nicht zur Revolution aufgerufen! Die Beatles haben jeder gewaltsamen Revolution eine Absage erteilt! Ihre Revolution No 1, sagt Carl, sei eine eindeutige, jederzeit nachprüfbare hippieselige Absage an jede gewaltsame Revolution gewesen

(es hatte bandinterne Differenzen gegeben)

Carl (One West 72nd): die durchnummerierten Revolutionen der Beatles seien ausschließlich ästhetische Revolutionen gewesen

bed peace
hair peace
John and Yoko's bed-in in Amsterdam Hilton

Abb.: Sus beim Aufbau der Yoko-Ono-Austellung
Abb.: Sus beim Abbau der Yoko-Ono-Ausstellung
Abb.: Yoko Ono bedankt sich

Sicherheitsempfinden in Brooklyn
Sicherheitsempfinden in Williamsburg
Sicherheitsempfinden in Kings

The lodger. The landlord. Let's lynch the landlord. Brooklyn Standard Time. Stefans halbkrimineller landlord in Brooklyn. Stefans imaginäre Lichtblau Company in Williamsburg/Brooklyn. Der Ausblick von Stefans Williamsburger Dach über den East River hinüber auf das Gebirge Manhattan. Die Aufbauten auf dem Dach von Stefans Atelier als Fixpunkte zur Skyline gegenüber. Das Licht der Ostküste sorgt für lange Schatten auf dem weißen Boden von Stefans Atelier. Stefans Arbeiten. Stefans Fotos von Stefans Arbeiten. Stefans Williamsburg-Fotos als Teil von Stefans Arbeit. Dachte, der ist so begeistert, der bleibt ewig da drüben (eine Frage auch des Geldes)

Von Kings nach Queens. Williamsburgbridge, Blick auf die Brooklyn Bridge. Die neugotischen Türme der Brooklyn Bridge viele Jahre als höchstes Bauwerk New Yorks

Moskaus Hotel Intourist, stimmt das wirklich, als sowjetische Antwort auf die Wolkenkratzer New Yorks?

gelbe Taxis, na und?

Dampf aus Gullis, na und?

große Schluchten, über denen Vogelschwärme kreisen

tiefe Straßenschluchten als große Canyons, in die kleinere Straßen als kleinere Seitencanyons einmünden – alles unter schärfstem Naturschutz

everything is smaller in the US: amerikanische Hochhäuser sind gar nicht so hoch (in den USA wird das Erdgeschoss bei den Stockwerken mitgezählt, bei Stockwerkangaben ist grundsätzlich eine Etage abzuziehen)

Stefan trifft Hias mitten auf der Straße in New York
(so klein ist die Welt, so klein ist New York)

muss man so festhalten: amerikanischen Städten, siehe auch Seattle und San Francisco, tut es sehr gut, wenn sie durch irgendwelche natürlichen Barrieren daran gehindert sind, in vier Richtungen endlos in die breite amerikanische Weite zu wachsen

want a Nineeleven?

der Porsche 911: das Auto, das Amerikaner ständig an die Katastrophe erinnert (kurzzeitig war in Zuffenhausen überlegt worden, die Typenbezeichnung ganz fallenzulassen)

want some?

verdeckter Krieg nach eigenen Regeln: CIA-Opfer Allende und seine Bewacher nach dem Angriff auf den chilenischen Präsidentenpalast in Santiago am 11. September

wann war der Chileputsch?

Abb.: Santiago de Chile, 11.9.1973

der Porsche 911: das Auto, das Chilenen ständig an die Katastrophe erinnert (kurzzeitig war in Zuffenhausen überlegt worden, die Lieferung nach Chile ganz einzustellen)

Binalshibh gives an account of an early morning phone call from Mohammad Atta, who said he needed help solving a puzzle. – He (Atta) said: Two sticks, a dash and a cake with a stick down. What is it? – I said: Did you wake me up to tell me this puzzle? – As it turns out, two sticks is the number 11, and a dash is a dash and a cake with a stick down is the number 9. And that was September 11

Codename Kunstakademie – für ihre Ziele verwendeten die Aktivisten des 11. September folgende Tarnbezeichnungen:
Faculty of Fine Arts für das Pentagon
Faculty of Town Planning für den Nordturm des WTC
Faculty of Law für das Kapitol

Wie hieß dieses bombastische Stück von Enya, zu dem in Dauerschleife die Einsturzbilder des WTC eingespielt wurden? Wer hat es bei welchem Sender zu diesem Zweck herausgesucht? Lag es schon für vergleichbare Anlässe bereit? Wie waren diese Anlässe definiert?

Al-Quaida-Sprech: Das Flugzeug wird anhalten und dann erneut fliegen. – Muss ich mir sowas anhören, oder ist das nur falsch übersetzt? Muss man sich sowas anhören, oder ist das absichtlich falsch übersetzt? Muss ich mir sowas anhören, oder ist das metaphorisch gemeint?

UBL: They were overjoyed when the first plane hit the building, so I said them: be patient

UBL: (… Inaudible …) we calculated in advance the number of casulties from the enemy, who would be killed based on the position of the tower

Wir haben im Voraus die Zahl der Opfer berechnet. – Deutsche Untertitelung der englischen Untertitelung zum Bin-Laden-Video, das am Donnerstag von der US-Regierung ausgestrahlt wurde (Reuters)

(UBL für Usama bin Laden)

Screening
9-11-01
24 H
5:45:13

Abb.: Mohammed Atta am Flughafen Portland

Umsteigen in Portland. Der berühmteste Stadtplaner der Gegenwart wenige Stunden vor dem Abschluss seines Hauptwerks

One of the terrorists, says CNN, Abu Abdul Rahman, pretended to send a love message via an internet chat room to his German girlfriend, who was actually Binalshibh. It contained more code for the attacks

der Männerbund:
gemeinsam wohnen
gemeinsam studieren
gemeinsam arbeiten
gemeinsam beten

Abb.: Marienstraße 54, Hamburg-Harburg
Abb.: Al-Kuds-Moschee, Böckmannstraße, Hamburg-St. Georg

Bund für das Leben/Bund für den Tod:
gemeinsam beten
gemeinsam töten
gemeinsam sterben
gemeinsam sterben im gemeinsamen Töten

Abb.: Mohammed Atta als Student der Fakultät für Stadtplanung, Technische Universität Hamburg (D)

Fig.: North Tower code-named by Atta

das Pentagon
das Fünfeck

Faculty of Fine Arts – die eigentliche Provokation sei nicht die Zerstörung des WTC, sondern der Angriff auf das Pentagon gewesen, das strategische Herz der Militärmacht

White House, Washington
White House, Moscow

Abb.: Saudi-Palast in Marbella, Spanien, nach dem Vorbild des Weißen Hauses errichtet

dass der saudiarabische König nun grünes Licht gegeben hat für ein wahhabitisches Pilgrim's Land in Mekka, den architektonischen Mittelpunkt des Vergnügungsparkes werde ein Twin-Tower-Hotel bilden, in dem die Mekka-Pilger untergebracht werden sollen

was wie eine bewusst gestreute Falschmeldung klingt, muss nicht unbedingt falsch sein (wir werden das prüfen)

auch den Bauauftrag für das Mekka-Projekt erteilte König Fahd dem regelmäßig für Regierungsaufträge herangezogenen Baukonzern der Familie Bin Laden

was für eine Falschmeldung im ersten Moment zu plump klingt, wirkt im zweiten ganz besonders glaubhaft (nie mehr davon gehört)

Notiz: wie sagt der Kunsthistoriker?
Stilisiert orientalische Ornamentik bei den Sockelstockwerken des WTC

Notiz: was sagt die psychologisch geschulte Kunsthistorikerin zum wiederholten Anrennen gegen ein und dasselbe Gebäude?

Abb.: Blick durch ein Kommentatorenfenster in den Sitzungssaal des Weltsicherheitsrates

WST für Western Standard Time

Abb.: Ground Zero in Kalifornien – Auf dem Gelände von Howard Hughes' ehemaliger Flugzeugfabrik in Playa Vista ließ Stone den Ort der Katastrophe nachbauen. Unten: Oliver Stone, flankiert von zwei Beratern der New Yorker Behörden

die Rehabilitierung des Oliver Stone – Hauptsache, die Einstellung stimmt

Abb.: Oliver Stone in der Kulisse der zerstörten Türme

NEW EXTREMELY POWERFUL PRODUCTS!
– Liquid Anodrol
– Sustenol 250
– Deca Nor 50
– GHB
– Somatroph HGH
(click here)

Our sincere love and prayers go out to all of the families and individuals that were touched by the horrible acts committed against our country. And also to our soldiers who are now defending this great land. GET BIG & STRONG!

Post von Onkel Fred! Er hat sein Versprechen gehalten. Jeder hat Ansichtskarten mit einem anderen Bild bekommen. Eckards Karte zeigt das Wolkenkratzerviertel von New York, die Halbinsel Manhattan. – Lieber Eckard, schreibt Onkel Fred, ich sende Dir, Lilo, Gregor und Otto ein paar Karten aus Amerika. Du bekommst natürlich als zukünftiger Baumeister ein Foto von den Wolkenkratzern. Der höchste ist übrigens das Empire State Building, es ist 385 Meter hoch und hat 102 Stockwerke mit 6400 Fenstern. Was müsstest Du für einen riesigen Lego-Kasten haben, um das nachzubauen. Aber ein kleiner Wolkenkratzer macht auch schon Spaß. – Oh ja, ruft Eckard, ich baue mal einen Wolkenkratzer. Ich baue ihn so hoch, bis ich keine Steine mehr habe. – Gregor steht plötzlich auf: Ich gehe meine Lego-Steine holen, denn ihr braucht ja eure, wenn ihr Amerika bauen wollt. Ich will nämlich versuchen, diese Rakete nachzubauen

Als Gregor kommt, ist Eckard schon bei seinem Wolkenkratzer. Und als Otto endlich eintrifft, einen alten Schuhkarton mit Lego-Steinen unter dem Arm, ist der Wolkenkratzer schon zehn Stockwerke hoch. – Wo warst du denn so lange?, fragt Lilo, mein Karton fiel auseinander. Ich habe die Steine auf der Treppe wieder aufsammeln müssen. – Gregor schüttelt den Kopf: Das ist ja alles durcheinander wie Kraut und Rüben. Ich habe mir einen Kasten gebastelt. Seht mal: jede Sorte hat ihr Fach. So habe ich alle Steine gut greifbar, und sie sind leicht in Ordnung zu halten. Aber nun los! – So bauen sie Amerika auf. Mit Wolkenkratzern, Weltraumraketen, dem alten Mississippidampfer und Indianerzelten. Als sie fertig sind, sagt Eckard: Jetzt schreiben wir an Onkel Fred!

Sounds of the City
(Sound Effects V.1)

Side 1
1. State Street – Rush Hour (street perspective)
2. State Street – Rush Hour (sidewalk perspective)
3. Elevated Trains Rounding Corner
4. Elevated Train Sequence at Station
5. Subway Train Sequence at Station
6. Department Store Call Bells
7. Department Store at Candy Counter
8. Department Store Sale Sequence
9. Grocery Store Interior
10. Grocery Store Cash Register
11. Pneumatic Drill
12. Trap Shooting
13. Trading Floor – Chicago Board of Trade
14. Waiting Room – Greyhound Terminal

Side 2
1. Waiting Room – Union Station
2. Train Arrival – Union Station
3. Train Departure – Union Station
4. Railroad Crossing
5. Garbage Truck Sequence
6. Police Patrol Wagon Siren
7. Main Terminal – Ohare International Airport
8. Jet Plane Landing
9. Jet Plane Taking Off

10. Model Airplanes
11. Parade
12. Children at the Beach
13. July 4th Fireworks – Soldier Field

Liner notes:
It has been called many things, this City of Chicago! The Hog Butcher of America, The Second City, The Crossroads of America and many other names (some perhaps, not complimentary). And while the reasons for the many appellations may come and go, Chicago still retains its claim to being one of the most diverse – and stable – cities in the nation. And with this diversity in nature comes commensurate variety in the SOUNDS OF THE CITY. And such sounds derive their appeal from being in, by, about and around people!

Hear, then, these sounds so painstakingly captured by a creative and ingenious young audio engineer from Chicago – Bill Landow – as he presents the heartbeat of urban America – the SOUNDS OF THE CITY

second cities like:

Graz
Antwerpen
Banja Luca
Rio de Janeiro
Shanghai

Split
Alexandria
Tartu
Lyon or Marseille
Hamburg or Frankfurt
Thessaloniki
Akureyri
Isfahan
Basra
Tel Aviv
Milan
Mombasa
Banghazi
Tiraspol
Derry
Bergen
Lahore
Los Angeles
Łódź or Kraków
Porto
Iaşi
Rotterdam
St. Petersburg
Maribor
Monterrey or Guadalajara
Birmingham or Manchester
Cape Town
Melbourne
Novi Sad
Barcelona
Geneva
Aleppo
Ankara
Samarkand

Ho Chi Minh City
Concepción
Medellín
Montréal
Ōsaka

Wirtschaftskraft miteingerechnet: Hamburg oder Frankfurt. Frankfurt? Überraschend fällt München unter einen unsichtbaren Tisch

In its days the powerful design of the Frankfurt Kitchen was a ground-breaking piece of modern kitchen design. It clearly expressed the new principles of rationality and functionality and had a strong influence on the Werkbund Exhibition of 1927 in Stuttgart. All the original kitchens from the 1927 Weissenhof estate have been destroyed during renovations and modernisations (not by alied bombs)

words like:
Frankfurter
frost
and fraeulein

Städte, die ihre Existenz dem Bestehen einer Furt durch einen Fluss verdanken
Städte, die ihre Existenz dem Bau einer Brücke über einen Fluss verdanken

Sümpfe, Wälder, Sümpfe

späterer Domberg und späterer Römerberg als Inselhügel an einer seichten Stelle im weitverzweigten späteren Main Stream

Wälder, Sümpfe, Wälder
Wälder, Sümpfe, erste Hütten
(die Römerstraße umging diese Gegend)

Städte, die ihre Existenz dem Bestehen einer Furt durch einen Fluss verdanken, sind in aller Regel älter als Städte, die ihre Existenz dem Bau einer Brücke über einen Fluss verdanken

dribb de Bach (rive gauche)
de Bach
hibb de Bach (rive droite)

(die frankfurter Stadtmundart in ihrer ursprünglichen Form zählt zu den rheinfränkischen Dialekten)

now when we get to our headquarters

Frankfort Special, party train: private Presley from Friedberg via Bad Nauheim to Frankfort (vom Staedtele in die Stadt)

Ankunft in Frankfurt. Rumors from the bases. Das Beste an Frankfurt kommt gleich an seinem Anfang. Frantic Frauleins at the station. Das Tollste am gebauten Frankfurt sind Bahnhof und Bahnhofsviertel. (Die Frankfurter Mädchen haben schöne Gesichter)

mit dem Zug von der US-Kaserne über den privilegierten Wohnort außerhalb der Kaserne zum US-Headquarter in Frankfurt

bad towns/good times (the G.I. Blues)

G.I. Blues to I.G. Farben

Deutsche Gesellschaft für Schädlingsbekämpfung (heikle Sonderaufgaben im Osten unterm großen Dach der I.G. Farben)

Poelzig-Bau
alias I.G.-Farben-Haus
alias Farben Building
alias General Creighton W. Abrams Building
alias Johann Wolfgang Goethe-Universität (Poelzig-Bau)

(In 1864, the city's psychiatric hospital known as Affenfelsen or Affenstein, ape rock, was erected on the site that once belonged to the Rothschild family. Here, Dr. Heinrich Hoffman hired Alois Alzheimer to work in the hospital)

U.S. Headquarter Europe, CIA Headquarter Germany im eroberten headquarter der I.G. Farben (symbolische Ortswahl oder rein pragmatische Entscheidung?)

bad towns (back by car): from Frankfurt via Bad Soden via Bad Vilbel via Bad Homburg to Bad Nauheim, Goethestraße

Frankfort or Frankfurt?
fraulein or fraeulein?
Elvis says Frankfort and fraulein

Einem Europäer, das steht in jedem Reiseführer, bleibt nichts anderes übrig, als sich in Frankfurt sofort als Franzose zu fühlen. Direct flights from Frankfurt. Direct flights to Paris, Brussels and other German destinations. (Von keinem Flughafen der Welt, sagt die Betreibergesellschaft, gibt es so viele Städtedirektverbindungen, wie vom Flughafen Frankfurt)

Wie viele Stockwerke hat das erweiterte Europäische Haus? Ist die neue Weltordnung eine bessere Hausordnung? Schon ist Europa zum Haus geschrumpft, dann müsste die Welt ein Weiler sein. Seltsam, dass ich noch nie auf dem Frankfurter Flughafen war. Selbst in der schillernden Flughafendisko Dorian Gray bin ich seltsamerweise nie gewesen

features:
Kaiser Dome
Roemerberg
Pauls Church

all that Lebkuchen houses had been destroyed in World War II, only one of them remained (the picturesque ones at Place Roemer are replicas)

Anfangs bin ich nicht besonders gern nach Frankfurt gefahren. Später bin ich nicht besonders ungern nach Frankfurt gefahren. (Mein Verhältnis zu Frankfurt ist relativ neutral)

der Greenback wurde in Frankfurt am 24.11.96 auf 1,5246 (1,5345) gefixt

Welt in Zahlen/World of Geld. Hochverdichtetes Zentrum bei zentrifugalen Kräften: gerade ein Prozent der Frankfurter lebt innerhalb der alten Stadtmauern, gerade etwas mehr als ein Zehntel der Bewohner der Metropolregion Frankfurt-Rhein-Main lebt in Frankfurt innerhalb der Stadtgrenzen

man trifft sich samstags auf der Zeil

seltsames Gemeinwesen, das nur tagsüber, tagsüber und an Werk- und Einkaufssamstagen Millionenstadt ist

Deutsches historisches Museum: Baader, Ensslin und Proll holten Söhnlein am Morgen des 2. April 1968 in

München ab und fuhren in einer weißen Ford-Limousine nach Frankfurt an die Zeil. Anruf: Gleich brennts bei Schneider und im Kaufhof, es ist ein politischer Racheakt. Der Schaden durch die Brandsätze war vergleichsweise gering, löste aber die Sprinkleranlagen aus. Die Wirkung der Anschläge war vergleichsweise gering, sie lösten aber eine schier endlose Kette von Folgetaten aus

Stadt der Superlative: die Steigerung von Frankfurt nennt sich in einem Wort FrankfurtHochVier. Die Steigerung von teure Baustelle nennt sich Europas teuerste Baustelle. Willkommener Gimmick und Nebeneffekt: die Wiedererrichtung des Thurn-und-Taxis-Palais in dem Original ähnlichem Zustand im Jahr 2008

Stadt, die sich keiner leisten kann. Eine der kleinsten als eine der reichsten Metropolen Europas

Stadt der Rekorde: die höchste Kriminalitätsrate der Republik passt zur höchsten Anwaltsdichte der Republik

Rödelheim Hartreim (einfacher Bericht)

analog zu Frankfurts Mainhattan Skyline wird Downtown New York oft als Manhattan bezeichnet

analog zum Spitznamen Big Ebbl für das trinkfreudige Frankfurt wird New York gerne als Big Apple bezeichnet (Frankfurterisch zählt nicht zu den mainfränkischen, sondern zu den rheinfränkischen Dialekten)

je nach Interessenlage werden die Bösen Onkelz als Band aus dem unterfränkischen Hösbach betrachtet, die im nahen Großraum Frankfurt ihre eigentliche Karriere begannen

je nach Interessenlage werden die Bösen Onkelz als frankfurter Band betrachtet, deren Mitglieder zufällig überwiegend aus dem unterfränkischen Ort Hösbach kamen

die Bösen Onkelz, die der rührend harmlosen Legende nach ihren Namen von hösbacher Nachbarskindern bekamen, denen sie ihren Schlitten wegnahmen

Stein
Holz
Eisen

wenn man heute von Frankfurter Küche spricht, versteht man darunter die sogenannte Musterküche von Margarete Schütte-Lihotzky, so wie sie in der Erstveröffentlichung in Stein-Holz-Eisen in vier Fotos vorgestellt wurde, mit Schiebetür und Kochkiste, blau lackiert, um die Fliegen fernzuhalten

Wiener Würste als Wiener in Frankfurt?
Wiener Würste als Frankfurter in Wien??

Frankfurter Küche (Küchenzeile der Bauhaus-Schule)
Münchener Küche (etwas gemütlicher, mit Durchreiche)

Abb.: Siedlung Zickzackhausen in Frankfurt-Niederrad, Ernst May, 1927

Abb.: Psychiatrische Nervenklinik in Frankfurt-Niederrad, 1931

Experimentelle Teilhabe am sowjetischen Experiment. Wie ist es Margarete Schütte-Lihotzky mit der frankfurter May-Brigade in der Sowjetunion ergangen? Wie ist es der schweizer Meyer-Brigade in der Sowjetunion ergangen?

ausreichend Fahrtbier?

auf der Fahrt ins legendäre Robert Johnson, auf der Fernreise ins feindliche Ausland im viel zu vollen Auto: sprachen über die angeblich legendären Feindschaftsspiele zwischen Eintracht Frankfurt und Offenbacher Kickers

vorlaute Offenbacher fragen offensiv-lautstark, ob Frankfurt mit der Vertiefung, sprich Beseitigung seiner Mainfurt wegen des Schiffsverkehrs seine ohnehin nur verkehrstechnisch begründete Existenzberechtigung nicht längst verloren hat?

Offenbacher Kreuz vs Frankfurt Kreuz (1 : 2)

durch zahlreiche Stadtautobahnen (teilweise als Bundesautobahn, teilweise als autobahnähnlich ausgebaute

Bundesstraßen) kann die Stadtregion als für den Individualverkehr überdurchschnittlich erschlossen betrachtet werden

Abb.: Die Commerzbank-Arena (FIFA WM-Stadion Frankfurt am Main)

Amateuraufnahme: Matthew Herbert und Dani Siciliano im offenbacher Robert Johnson

die heimliche als tatsächliche Hauptstadt: die beiden letzten männlichen Kanzler der Republik als echt amtierende Originalkanzler lebend beide jeweils nur in Frankfurt gesehen

Drinnen: der Kanzler und sein Innenkanzler, im Tross diese ganzen Wichtel mit den Spiralkabeln hinterm Ohr. Blick aus der Vitrine heraus auf den Willy-Brandt-Platz, auf all die erdbebensicheren Hochhäuser um die Taunusanlage. (Ohne seine Hochhäuser, keine Frage, könnte man Frankfurt lebendig begraben)

Draußen: Erstaunlich, auch noch um vier am Morgen tanzen die Frankfurter mitten in ihrem im nächtlichen Normalbetrieb menschenleeren Zentrum. Mitten auf der Zeil, nicht drinnen in irgendwelchen Klubs, wie nach der Parade in der kopflosen Hauptstadt. The Sound of Frankfurt. Ungebremster Schalldruck unter freiem Himmel. Selbst bei bestem Willen: hier wohnt niemand, der sich beschweren könnte. Die Fußgängerzone als zentrale Wohngemeinschaftsküche. Selbst Herr

Rygulla hat seinen Disko-Bunker verlassen. Herr Rygulla bestätigt: Hier wohnt weit und breit keine Sau. Laue Luft. Auf irgendwelchen Nebenbühnen wird die beste Musik eingespeist, generiert und umgehend wieder abgestrahlt. Ältere Frankfurter Schule, Frankfurter Schule, Neuere Frankfurter Schule. Neue Frankfurter Elektronikschule

Dämmerung on speed: The Floating Pyramid Over Frankfurt That The Taxidriver Saw When He Was Landing. Alte Münchner Schule als Neue Berliner Schule: the taxidriver the Chicks saw, when they were landing in Frankfurt

In Germany, having only a stipend of $100 a month to work with, activist Angela Davis had great problems finding lodging in Frankfurt, but finally found a place with a sympathetic family, later moving with a group of students into a sort of loft in an old factory building. At the University, weak in German, she had great difficulties following the lectures of Adorno but soon realized that her fellow students, native Germans, shared her difficulties. Visiting East Berlin during the May Day celebration, she thought the East German government was dealing better with the residual effects of fascism than the West Germans. Many of her roommates were active in the German Socialist Student League, SDS, a radical student group. Davis participated in actions with them; but things were happening back in the United States, for example, the Black Panther Party, and she was eager to get back

Marcuse in the meantime had moved to the University of California at San Diego. With the permission of Adorno, Angela Davis followed him there after two years in Frankfurt

was, Frage an die Kandidaten, haben Angela Davis, Salvador Allende und Oscar Niemeyer gemeinsam?

Gutleutviertel
Deutschherrnviertel

Westend
Nordend
Ostend
im Süden reicht die Stadt über den Oberrheingraben längst bis Basel

Die Gemüsekirche (rheinfränkisch für Großmarkthalle) profanisieren. Gemüse zu Banknoten schreddern. Problemviertel zu Gutleutvierteln umschmieden

die vorauseilende, rasante Transformation des Ostends in Erwartung des Umzugs der Europäischen Zentralbank

Himmelbau oder Himmelblau? Aus dem groß angekündigten dekonstruktivistischen groundscraper soll nach diversen Umplanungen jetzt doch ein eher konventioneller skyscraper werden

Hochhaus: von hoch und Haus
Hochhaus: Gebäude mit vielen Stockwerken

Synonym: Stockhaus

Oberbegriff: Gebäude
Unterbegriff: Wolkenkratzer

Das Einzige, was Frankfurt zusammenhält, sind seine Hochhäuser, das Einzige, was das im Zentrum total zerstörte Frankfurt interessant macht, sind seine höchsten Gebäude. Frankfurt ohne Hochhäuser? Der Anblick ohne sie ist heute nicht mehr vorstellbar

Hochhäuser bei Nacht betrachtet
Hochhäuser von Weitem betrachtet
Hochhäuser bei Tag betrachtet
frankfurter Hochhäuser von Nahem betrachtet

Charlottes Ausblick als Thorstens Ausblick ausgerechnet auf das hässlichste Hochhaus von allen

Subjektiv betrachtet: die meisten der Frankfurter Hochhäuser sind nicht gelungen, nur als Zusammenballung von Vertikalen machen sie was her. Objektiv betrachtet: die meisten der Frankfurter Hochhäuser sind keine gelungene Architektur, nur als Zusammenballung von Vertikalen machen sie eindeutig was her

Art déco, cheap update. Der Messeturm von Nahem betrachtet. Der von einem fränkischen New Yorker geplante Messeturm sieht von Nahem betrachtet reichlich billig aus. Das für ein paar Jahre, lange her, höchste Hochhaus Europas

bei Tag betrachtet

für Hochhäuser aber haben die allerstrengsten Regeln zu gelten, Hochhäuser, völlig klar, müssen noch viel strengeren Kriterien gerecht werden als Gebäude, die nur ein kleines Umfeld dominieren, Hochhäuser sieht man in der Regel in vier Richtungen noch aus großer Entfernung

war das erste frankfurter Hochhaus noch ein Gemeinschaftsprojekt der Gewerkschaften gewesen, waren es die später folgenden Hochhäuser eher nicht mehr

Soll und Haben: die beiden Türme der Deutschen Bank an der Taunusanlage

Torten und Säulen
Tortendiagramme, Säulendiagramme
Powerpoint-Präsentation im 45. Stock

Rückkehr von den sachsenhäuser Plattenläden. Der abendliche Blick vom sachsenhäuser Deutschherrnufer über den frühjahrsrandvollen Mainstrom. Bankfurt. Der Blick von Sachsenhausen auf die Innenstadt: verschieden hohe, von innen leuchtende Säulendiagramme. Dämmerung. Musik für Aufzüge. Musik für Hochhäuser. Klaustrophobische Gebrauchsmusik für Aufzüge in turmhohen Gebäuden. Erleuchtete Hochhäuser vor Abendhimmel sehen immer gut aus

(Architekturmodelle, das weiß jeder Architekt, die von innen heraus leuchten, sehen immer geil aus)

am besten sehen Hochhäuser immer über weiten Gleisanlagen aus, über einem breiten Fluss, von Brücken, die einen breiten Fluss überspannen

Jahrelang hatte ich brav einen Schrägstrich und ein großes M hinter den frankfurter Ortsnamen gestellt. Frankfurt am Main oder Frankfurt an der Oder oder andere deutsche Städte an anderen deutschen Flüssen: In Anbetracht Europas gilt Frankfurt als reichste Stadt des vereinten Europa. Hochhausbau in London, Hochhausbau in Warschau, Hochhausbau in Barcelona – irgendwie wächst zusammen, was irgendwie zusammengehört

Invasion der Pflanzen
Urlauberautos schleppen Pflanzen ein

Zuhause ist es in Dänemark, jetzt macht es sich in Berlin breit: Das dänische Löffelkraut, ein Küsten- und Salzwiesengewächs, wandert entlang der Autobahnen nach Deutschland ein. Die Samen klebten an den Autos heimkehrender Urlauber, erklärt Moritz von der Lippe, Ökologe an der Technischen Universität Berlin. Um die Ausbreitung der Pflanzen entlang der Reisewege zu untersuchen, hat er auf Berliner Straßen Erde eingesammelt, die von Reifen oder Stoßstangen gefallen war. Darin fand er 11 000 Samen von mehr als 200 Arten – zur Hälfte fremder Herkunft. Die meisten Arten sind lange in Deutschland bekannt und kaum gefährlich für die hiesige Fauna. Nur sehr expansive Arten wie die nordamerikanische Robinie gefährdeten den Lebensraum heimischer Pflanzen, sagt von der Lippe. Sie bedrohe in Brandenburg geschützte Biotope

Traumhafte Weihnachtsfahrt nach Straßburg. Besuchen Sie einen der schönsten Weihnachtsmärkte Deutschlands!

Munich: Transitpoint for national and international destinations. Sogar der Orient-Express hält hier. Der Orient-Express, der nicht mal im Orient hält. Der legendäre Orient-Express, der heute schon in Budapest seine Endstation erreicht hat. Der Orient-Express, der sonst fast nur in Wien und Paris hält

pre strike

Hôtel des Invalides
Hôtel de Ville de Paris

Frankreich, das Land, in dem die Bürgermeister ihre Städte von Hotels aus regieren!

Frankreich, das Land, in dem selbst die Invaliden in Hotels wohnen!

Paris, die Stadt, in der den Invaliden sogar ein Dom gebaut wird!

Paris, die Stadt, in der der verstorbene Kaiser zu den anderen Invaliden gelegt wird!

unterm teuren Pflaster der billige Sand:
tatsächlich fast überall gepflasterte Straßen

unterm schnöden Pflaster der kostbare Strand:
die seltsam sterile aristokratische Ausstrahlung der pariser Altstadt

pre strike
post strike

Orte, die man wiedererkennt
Orte, die man nicht wiedererkennt

Europa ist auch so ein schönes Wort mit einer romantisch-abenteuerlichen Geschichte. Europa als linke Hälfte eines Doppelkontinents. Europa als westlicher Ausläufer von Asien. Direct flights to London, Madrid or Paris. Koreanern, Japanern und Chinesen die Europareisen buchen, werden die einzelnen europäischen Länder als Landschaften vorgestellt. Wie viele Königsschlösser hat das erweiterte Europa?

heute: Paris

mit ein paar Dutzend anderer Koreaner einträchtig auf dem Platz der Revolution alias Platz der Eintracht

sehr extravagant, sehr selbstbewusst, sehr französisch: ein schon Anfang des 19. Jahrhunderts nach einem Überschallflugzeug benannter Platz!

Die Möblierung der noblen Fläche (die Tötungsmaschine ist nach der Hinrichtung Robespierres verschwunden): voilà, der Obelisk von Luxor. Geklaut oder vermacht? Zwei Brunnen, sonst einfach nur gepflasterte Fläche

Der berühmteste Platz der Stadt hat etwas Anti-Urbanes: bebaut nur im Norden. Zur Innenstadt die baumbestandene Wallanlage der Tuileries mit dem schmucken Schmucktor in der Mitte, durch das man ganz weit hinten zwischen Bäumen den Louvre mehr ahnt als sieht. Gegenüber, steht man nicht genau in der Mitte des Platzes, erstmal ein Meer aus Bäumen. Ist das jetzt ein Stadtpark, oder ist hier immer noch Ende?

Die berühmteste Straße des alten Europa beginnt ohne jegliche Bebauung. Der Elysée-Palast: hier irgendwo in der Nähe, hinter scharf bewachter Mauer und dem Privatpark des Präsidenten. Das Grand Palais, vermutlich hier irgendwo in der Nähe: möglicherweise unter der Glaskuppel, die mit einer Trikolore geschmückt hinter dem Wald herausschaut

Die Behauptung von Größe als Ahnung von Größe. Die Reisegruppe bewegt sich unter Anleitung in die exakte Mitte des Platzes. Foto der Reisegruppe. Irgendwo ewig weit hinten und draußen ein Torgebäude (muss riesig sein, so weit, wie das weg ist im Dunst). Ein Torgebäude, das nicht mehr auf weiten Feldern steht, aber scheinbar mitten im Wald. Gerücht: bei besserer Sicht muss noch weiter draußen ein noch größeres Tor zu sehn sein

der Reichskanzler im offenen Benz

absoluter Achsenwahnsinn – der größte Architekt aller Zeiten wäre begeistert gewesen

kleiner Schwenk nach links: ganz weit hinten ein sich von der breiten Basis an endlos verjüngender Turm (muss riesig sein, so weit, wie der weg ist im Dunst). Davor der braune Fluss in seinem tiefen Bett. Rive droite, rive gauche. Am anderen Ufer der nächste weite Platz, dahinter ein nobles Gebäude – das Parlament womöglich. Deutlich dahinter das eindeutig höchste Hochhaus der Stadt – bestimmt nicht zu hoch, aber entschieden zu hässlich (der Tour Montparnasse womöglich)

der Reichskanzler im offenen Benz: Diese Stadt will ich besitzen oder zerstören

Dom der Invaliden: der Reichskanzler am Sarkophag von Napoleon (stille Zwiesprache)

Ernst Jünger spricht gepflegtes Französisch

Absoluter Absolutismus. Wie sieht sowas aus? Gebauter und gepflanzter Absolutismus. Aufgeklärter Absolutismus als Widerspruch und Ende

Stadtflucht Ludwigs XIV. Für die Schlossbaupläne des Sonnenkönigs war das große Paris entschieden zu klein, zu eng und zu schattig. Irgendwie zu proletarisch. Weg vom Louvre, bloß weg von der Stadt! Geld spielt keine Rolle. Wer Großes vorhat, dem wird es innerhalb der Stadtmauern entschieden zu eng. Wer zum König will, der soll sich gefälligst auf den langen Weg zum König machen. Wer ins Geschäft kommen will, der soll gefälligst nach Versailles hinausziehen

morgen: Versailles

Der Krieg als Vater der Erfindung. Der Krieg und das Repräsentationsbedürfnis des Königs als Väter aller Erfindungen. Sébastien Le Prestre de Vauban als Festungsbaumeister Ludwigs XIV. Die Einführung des Begriffs Ingenieur in der Neuzeit. Der Ingeniarius als Konstrukteur von Festungen und als Konstrukteur von Waffen, die feindliche Festungen knacken. Personalunion, ungeheuer praktisch. Der Ingeniarius als Feuerwerker, der die höfische Gesellschaft ausgeklügelt unterhält. Der Ingeniarius als Wasserbauer, der für die Gondeln des Königs Kanäle anlegt. Der Ingenieur als Hofschranze. Das absolute Versailles. Die Grands Appartements im absoluten Schloss

Air is in the Air. Air passen zu Versailles, Phoenix nicht (bin entschieden für Phoenix, die nicht zu Versailles passen)

Paris, wo die Guillotine erfunden und in Form seines prominentesten Exemplars praktischerweise gleich vor dem Schlosspark aufgestellt wurde. Der Platz direkt vor dem Park des Stadtschlosses. Der Platz, auf dem die von Dr. Guillotin erfundene Guillotine mittig ausgerichtet stand. Der Place de la Révolution alias Place de la Concorde direkt vor dem Schlosspark als symbolisch und logisch geeignetste Hinrichtungsstätte

gefühlter Reichtum
tatsächlicher Reichtum

gefühlte Armut
tatsächliche Armut

gefühlter Reichtum als tatsächliche Armut
gefühle Armut als tatsächlicher Reichtum
(plötzlich kommt Bewegung in die Sache)

Februar: Revolution
Mai: Revolution
Juli: Revolution
November: Revolution

La Grande Révolution dans la Grande Nation

Paris et Paris: Paris Hilton mit ihrem Verlobten (Mai bis Oktober 2005), dem Multimilliardärssohn Paris Latsis

Paris à Paris: Paris Hilton à Hilton Paris

1 Night in Paris, Pornovideo von und mit Paris Hilton und Rick Salomon (gedreht in einem Hotel in Las Vegas)

Paris Hilton bei der Eröffnung ihrer Diskothek Club Paris in Las Vegas. That's hot: Paris Hilton bei der Eröffnung ihrer Diskothek Club Paris in Orlando

Paris Hilton mit Chihuahua-Hündchen Tinkerbell, Paris Hilton mit ihrem virtuellen Traumkind London Hilton

Frankreich – das Land, in dem das Wort discothèque erfunden wurde

Erst die guillotine und dann die discothèque. Erst die guillotine, dann photographie und cinèmatographie und erst dann die discothèque

Les Grands Boulevards, le Grand Palais. Kleiner Versicherungsfall unter riesigem Glasdach

Die Großen Boulevards durch die Felder des Elysiums. Aufenthalt der Seligen. Die Großen Boulevards in Richtung eines gewaltigen Bogens, der inmitten von Wiesen steht

Der König hatte Skizzen angefertigt: Baron Haussmann lässt provisorische Holztürme bauen und Vermessungsingenieure von dort oben gerade Linien durch unüberschaubare Viertel ziehen. Es geht auch um einen erleichterten strategischen Zugriff. Es geht auch darum, planerische Lehren aus der Vergangenheit zu ziehen

Baron Haussmann bricht die großen Straßen durch die chaotischen Viertel der Armen. Die Fassaden der an den Prachtstraßen neu entstehenden Häuser sind genau vorgeschrieben. Wie es dahinter aussieht: egal

gefühlter Reichtum
tatsächliche Armut

72 days did make a difference!

Die Zeit der Kommune dauerte 72 Tage. Am 18. März rebellierte die Pariser Nationalgarde. Die semaine sanglante als die blutige Woche. Danach standen Vendôme-Säule, Rathaus und Tuilerien-Schloss nicht mehr

Abb. (frühes Foto): Das entpflasterte Paris (I)

(danach war die renitente pariser Arbeiterschaft um ein Viertel reduziert)

Die Gute Alte Zeit. Die schöne Zeit. La Belle Époche. Die schöne Zeit nach der Niederschlagung der Pariser Kommune

Krieg verloren, Aufstand niedergezwungen. Krieg gegen den äußeren Feind verloren, Aufstand des inneren Feindes (mit deutscher Hilfe) niedergezwungen. Trotz verlorenem Krieg: Zeit des Métro-Baus. Zeit der Weltausstellungen. Zeit der größten Prachtentfaltung, die

die Welt seit dem antiken Rom je gesehen hatte. Die ganze Stadt eine einzige Ausstellung. High-Tech und Neo-Barock. Zeit der prächtigsten Gebäude, Brücken und Türme. Das Grand Palais. Die prachtvolle Alexanderbrücke beim Grand Palais. Der sich verjüngende Turm hinter einer Flussschleife hinter der Brücke. Ameisen. Menschen klein wie Ameisen. Der Rest der Welt ist wirklich beeindruckt

Paris 2007:
Auf Stadtplänen sind alle Städte gleich groß. In Paris von Belleville zurück in die Innenstadt zu gehen kann weiter werden, als die gleichen sechs Stadtplankilometer in Köln zurückzulegen

Paris 1962:
Stadtpläne zerschneiden und unvollständig wieder zusammensetzen

irgendwo in die Métro einsteigen und irgendwo wieder aussteigen

sich in fremden Städten absichtlich verlaufen

Stadtpläne anderer Städte zur Desorientierung benutzen

die Situation der Situationisten: prekär

I heard about some strange things happening in Paris.
Rive gauche: die besetzte Sorbonne im Jahr 68

Abb.: Das entpflasterte Paris (II)

69: année érotique, année de Serge

Situationistische Internationale, Mitgliederliste

Mitglieder: 70
Ausschlüsse: 45
Austritte: 19
Abspaltungen: 2

(Selbstauflösung im olympischen Jahr 1972)

in Europa sind vor allem die häufigen Kollisionen von Zugvögeln mit Leuchtturmscheinwerfern bekannt, auch die Gasflammen von Ölbohrtürmen in der Nordsee sind als Vogelfallen berüchtigt

Kein Mensch wisse, wo der Belt fließt. Außer ein paar Dänen und einer Handvoll Skandinavienreisender wisse heute südlich des Belt kein Mensch mehr, dass der Belt ein Gewässer, aber kein Fluss ist. Macht nix. Wie hat dieses neurotische, seine Außengrenzen nach Gewässern definierende Reich im Herzen Europas gleich wieder geheißen? Memelland klingt abgebrannt

Das erste Mal Ostsee von Rügen aus. Der putzige Schinkel-Leuchtturm am Kap Arkona beim ersten und bisher letzten Besuch auf Rügen. Rotalgen im seichten, bewegungslosen, kaum salzig schmeckenden Wasser

Das zweite Mal Ostsee mit Christian und Ulrike bei Peenemünde. Die immer noch riesenhaften Vernichtungs- und Vergeltungsruinen von Peenemünde. Akrobatisches Herumturnen im gewaltigen Stahlbetonskelett des Sauerstoffwerks (Werk II) von Peenemünde. Hafen und V2-Museum Peenemünde mit Ulrike und Christian: hier mündet die Peene in die neutralisierte Ostsee

Dimensionen, als wäre eine Großstadt zu versorgen. Das Kraftwerk der lokalen Vernichtungs- und Vergeltungsindustrie, wie so oft, wenn es den Nazis nicht um Repräsentieren ging, in modern-sachlichem Stil. Schneidig und sachlich: Wernher von Braun in seinem Büro als Technischer Direktor der Heeresversuchsanstalt in Peenemünde

Das Pier von Ahlbeck am Abend, die über dem ruhigen Wasser der Ostsee schwebende Kneipe an der Spitze des Piers von Ahlbeck

Nächster Morgen: die Verlängerung der Düneninsel Usedom nach Osten. Die polnische Grenze noch vor der visuellen Aufhebung der Grenze. Deutscher Einkaufsterror zu polnischen Konditionen. Abhängen im ersten polnischen Ort nach der Grenze. Seltsame Gebäude am Strand. Ulrikes Kamera verträgt den aufgewirbelten Sand nicht. Christian kommentiert die spezielle Farbigkeit realsozialistischer Gebäude in Polen. Darauf einen trinken!

Das dritte Mal Ostsee in der Bucht von Tallinn. Das dritte Mal Ostsee viel weiter östlich und nördlich

seltsame Anreise: MUC – VIE – TLL

Reval, die Zigarettenmarke, Reval, die Stadt. Mutter sagt Reval, meint aber Tallinn. Mutter sagt Reval und spricht nicht von der Zigarette. Schwäne auf der Ostsee. Schwäne in der Bucht von Tallinn auf dem Weg in die offene See! Auch die schnarrenden Stockenten sind hier unterwegs, arrogant und selbstbewusst wie auf einem oberbayerischen Voralpensee. Auf dem Meer, das eigentlich ein großer See ist. Im Gegensatz zur Nordsee, die tatsächlich ein Meer ist. Tests haben ergeben: kaum Salz in der Ostsee. Kaum mehr Austausch mit Nordsee und Atlantik. Tallinn – Stockholm: die Ostsee kann auch anders. MS Estonia klingt stolz. Die MS Estonia als ganzer Stolz der blutjungen Nation. Das vierte Mal Ostsee als erstes Mal Käsmu (drei Tage später). Watchtowers all along the coast. Noch achtzig Kilometer bis Helsinki. Achtzig Kilometer über den finnischen Meerbusen. Die fast schon universelle Architektur von Wachtürmen. Jeder Turm in Sichtweite zum anderen. Weite Landschaften: hier kommen einige Kilometer zusammen. Die relative Spannweite der Aufgaben von Wachtürmen. Oberkategorie Überwachungsarchitektur. Überwachungsarchitektur im engsten, im engeren und im übertragenen Sinn. Die ganze schier endlose, von mehreren Eiszeiten abgehobelte Küste mit all ihren Buchten war tatsächlich scharf überwacht. Sollen die Leute doch woanders baden! (Sollen die Leute doch zum Peipussee fahren, zum Beispiel)

Datsche oder Datscha? Eine alte Dame aus Tallinn, die hier eine Datsche hat, erzählt vom Austricksen der ihr verhassten Sowjetwachsoldaten. Nacktbaden in der Dunkelheit. Alles Ex-Dissidenten hier, sagt sie. Urlaub in Leningrad? Keine 300 Kilometer von Käsmu bis Sankt Petersburg. Wie lange, das ist die Frage, ist die Küste der Ostsee? Alles relativ – je länger, je genauer man hinsieht

Erster Versuch, ein Visum nach Petersburg zu bekommen. Zweiter Versuch, ein Visum nach Petersburg zu bekommen. Kein Visum für Sankt Petersburg in Tallinn. Keine Visa für Deutsche nach Russland in ganz Estland. Muss ichs von Finnland aus probieren

Freier Blick hinüber nach Schweden, jetzt Finnland. Als die höchsten Gebäude noch Kirchtürme waren: Das höchste Gebäude der Welt stand für fast ein Jahrhundert in der Handelsstadt Reval, jetzt Tallinn. 1629: Brand in der Olai-Kirche, 159 Meter. Brand im höchsten Gebäude der Stadt, das auch höchstes Gebäude der Welt ist. Beim Wiederaufbau reicht das Geld nicht mehr für alte oder neue Rekorde. Designierter Nachfolger: das Straßburger Münster

Tartu suggestions:
21. Doctor's Hill aka Slow Death
47. The Senf Stair

ferner: der westlichste sowjetische Militärflughafen für sowjetische Langstreckenbomber

ferner, heute abend: Eröffnung des neuen Techno-Klubs Tallinn in der Neustadt von Tartu

Improvisierter Besuch dieses ziemlich ausgebrannten Schlosses östlich von Tartu, das bereits Teil des militärischen Flughafen-Sperrgebiets war. Logisches Weitervorstoßen immer tiefer in das aufgelassene Sperrgebiet hinein. Riesige Flächen, Teerseen, verfaulte Gebäude zwischen explodierender Flora. Junge Esten, die auf Start- und Landebahnen ihre hochglänzenden Autos heißlaufen lassen. Kein Fluglärm. Am Rand des ausgefransten Riesengeländes, reichlich verloren: der jüdische Friedhof

Mitten in der Altstadt von Tartu, auf dem offenen Kirchhof, wird ein mittelalterlicher Friedhof ausgegraben. Hüfthoher Zaun, freier Ausblick. Das hatte ich auch noch nie und nirgends gesehen: frisch freigelegte Skelette in den aberwitzigst verdrehten Positionen. Auffällig dunkle Erde, die auch die eben ans Licht gebrachten Knochen braun färbte

Tartu als gesperrte Stadt für Fremde. Tartu, die geistige Hauptstadt, mit der einzigen Universität des Landes, erzählt Mati, besann sich für Jahrzehnte ganz auf sich

Übernachtungsmöglichkeit ehemalige Geheimdienstzentrale, lauschiges Gebäude, jetzt einer anderen Nutzung zugeführt. Ist über Nacht noch jemand außer mir im Haus, oder bin ich mit mir allein in diesem gastlichen Haus? Forcierte Müdigkeit hilft. Ausgeschlafene Abreise, die Tür fällt ins Schloss

Drei Hauptstädte an einem Tag: die geistige Hauptstadt, die Winterhauptstadt, die tatsächliche Regierungshauptstadt. Von Tartu nach Otepää und noch am selben Tag wieder via Tartu in der regulären Hauptstadt zurück

Wo überall Menschen wohnen! Wohnen und mitten in der Pampa aus dem Bus aussteigen. Auch im Dunkeln. Weit und breit kein einziges Licht auch nur eines einzigen Hauses!

Über die Zukunft des Kapitalismus ist alles bekannt. Über die Zukunft des Kapitalismus ist wenig bekannt. Es gibt kein funktionierendes Eisenbahnsystem im postsozialistischen Estland. Außer der einen von in Estland geborenen Russen stark frequentierten Strecke nach Sankt Petersburg hat keine Strecke die missglückte Privatisierung überlebt. Es gibt keine Möglichkeit, von Polen per Bahn hierher zu fahren. Es gibt keine Möglichkeit, von Lettland oder Litauen per Bahn hierher zu fahren. Deutsch-Balten, die nicht fliegen wollen, denen die Straßen zu schlecht sind, kommen mit der Fähre von Rostock. Reval? Alfred Rosenberg was born here

Erfolgreiche Russifizierung in den sowjetischen Jahren. Wenn 39 Prozent der Stadtbewohner russischer Abstammung sind, bleiben noch gute 60 Prozent für den Rest

die Esten als erfolgreichste Nervensägen am weitverzweigten Riesenreich Union der sozialistischen Sowjet-Republiken

Über die Zukunft des Kapitalismus ist alles bekannt. Das neue Zentrum der wieder neu gebackenen Hauptstadt. Sichtbare Boomstadt. Die Sache hat Eile. Sichtbarer Schnittpunkt neu sich auftuender Handelswege. Neue Hochhäuser für alle! Der stalinistische Wohnkomplex – war mal was Besseres – am Platz gegenüber Kaufhaus Stockmann sieht er richtig putzig aus. Die pensionierten Funktionäre werden auch immer älter

Was malerisch ist, kann man in Zeitnot notfalls auch fotografieren. Am russischsten, effektive Zeitmaschine, am altrussischsten sieht Tallinn in den westlichen Stadtteilen aus. Blöde Frage an verdutzte Bewohner: Wer wohnt hier eigentlich? Freundliche Antworten auf unbeholfene Fragen. Das Sprachproblem als kleinstes Problem. Freundliche, zweistöckige, womöglich etwas zugige Holzhäuser, Straßenzug um Straßenzug – alles ausgesprochen herbstlich

Am russischsten ist Tallinn tatsächlich in den östlichen Trabantenstädten von Tallinn. Licht, Luft und Autos haben freien Zugang zu den Errungenschaften der Sowjet-Moderne. Die Sommerfrischlerin, die Akademikerin aus Käsmu, wohnt auch hier. Für ihre Generation, sagt sie, galt es als Privileg, hier zu wohnen. Und jetzt wolle sie auch nicht mehr umziehen

Symbolische Russifizierung: am Weg hinauf zum Burgberg, schon fast ganz oben auf dem Burgberg, eine Ansammlung vergoldeter Zwiebeltürme. Könnte fast Bayern sein, ist aber Russland. Mitten in Estland. Zaristische Pracht in besetztem Gebiet. Viele Einheimische mögen diesen Ort nicht besonders. 39 Prozent reichen, um einen großen Kirchenraum zu füllen. Authentisches Russland mitten in Estland. Mitten im September. Sonntag, der 15. Alexander-Newski-Kathedrale. Heute großer Andrang von allen Seiten. Gottesdienst in archaisch wirkender, ritualisierter Spezialsprache. Nix reformiert, nix modernisiert, von wegen Gegenreformation. Funktioniert wie Lateinisch. Versteht das wer? Die Gläubigen wirken nervös. Ständiges Reinundraus während des Gottesdienstes, permanentes Umhergehen der Gläubigen, wer will, unterhält sich (lasst die da vorne ruhig machen). Beichten während der Messe in Beichtstühlen seitlich. Schräges Licht durch unrunde Fenster. Hyperkomplexe Choreographie der gesamten Messe. Gemischter, vielstimmiger Chor, keine Orgel. Immer wieder Gesangspausen, allmähliches Wegdriften des Gesangs, und dann gehts wieder mit aller Macht los. Dauerndes komplexes Bekreuzigen mit anschließendem Verneigen. Alle Frauen mit Kopftüchern oder sonstiger Kopfbedeckung. Der Altar steht sozusagen Backstage; ständiges Hinundher durch Türen einer Wand vor dem eigentlichen Altar. Viele Priester. Heute Priesterweihe? Oder sonst was Besonderes? Sieht so aus. Der Pferdeschwanzpriester. Alles wird geküsst: die Reliquien hinter Glas (helfende Hände wischen ständig die Scheiben),

Gläubige küssen Priester, die sich unter ihr ansonsten scheinbar unaufmerksames Publikum mischen. Priester küssen Priester. Während der Messe: man steht (steht oder wandert umher). Nix Knien, nix Sitzen. Ständiges Zettelschreiben. Was wird geschrieben? Gläubige stecken den Priestern Zettel zu. Russisch-orthodoxe Gottesdienste, erfahre ich, dauern vier bis fünf Stunden, ihr Verlauf habe sich in Jahrhunderten nicht verändert. Die Kirchensprache (Altslawisch), erfahre ich, wird von den allermeisten Gläubigen nicht verstanden. Glauben funktioniert anders. In Tallinn, erfahre ich, leben noch mehr im Land geborene Russen als im Landesdurchschnitt. Gerade mal geduldet, wollen sie trotzdem hier bleiben. Ökonomische Gründe, ja, neben anderen Gründen

Geländetausch, Personalwechsel, Naturalienhandel

Deutsch-Sowjetischer Nichtangriffspakt vom 23. August 1939
Geheimes Zusatzprotokoll zum Deutsch-Sowjetischen Nichtangriffspakt vom 23. August 1939

Deutsch-Sowjetischer Grenz- und Freundschaftsvertrag vom 28.9.1939
Geheimes Zusatzprotokoll zum Deutsch-Sowjetischen Grenz- und Freundschaftsvertrag vom 28.9.1939

Hitler zuliebe. Stalin zuliebe. Kleiner Zeitgewinn für beide Seiten. Flotter Umbau im Europäschen Haus, diskret-detaillierte Absprachen, die frei assoziierte Neuordnung Osteuropas betreffend. Pech für Polen, Pech für die Balten. Nervenzusammenbruch Ilja Ehrenburg. Für die Deutschbalten heißt der Aufruf: Heim ins Reich. Nach 700 Jahren machen sich deutsche Ritter ohne großes Murren auf den Weg in eine entgegengesetzte Richtung

wie hat dieses neugotische von feindlichen Gewässern umzingelte Märchenland gleich wieder geheißen?

I was born in Fairy Tail Nation
I was born in Nico's Nibelungenland

Wie hat dieses mächtig aggressive, seine provisorischen (und zu einem späteren Zeitpunkt noch wesentlich zu erweiternden) Außengrenzen über Gewässer definierende Reich gleich wieder geheißen? Nico singt das Lied der Deutschen. Nico singt das Deutschlandlied bereits mit einem gewissen Akzent. Die in Köln geborene, nach New York ausgewanderte Kölnerin Christa Paeffgen singt das Lied der Deutschen wie aus dem Grab. Die in Köln oder Budapest geborene, in Ibiza verstorbene Christa Paeffgen singt das Lied der Deutschen in einem der wenigen Nachkriegsbauten hier mitten im Zentrum des von den deutschen Besatzern geräumten Tallinn (Reval)

Vierter Stock: Nico singt das ganze Lied. Bis an die Memel. Nico singt über die Maas. Über alles. Christa singt bis zur allerersten Strophe. The End, so der Album-Titel (John Cale production for Jo Lustig Productions)

Die Fabrik: das als Fabrik 10058 getarnte Fort IX, Kaunas/Memel. Am Beginn ihrer Reise klangen für die meisten der Neuankömmlinge Memelland und Pommerland gleich weit entfernt. Alles neu, alles relativ. Alles relativ fern

Ganz zu schweigen von all den für uns vollkommen unaussprechbaren und auch für Ostdeutsche erst nach jahrelanger gewissenhafter Übung aussprechbaren Eigennamen ungarischer, bulgarischer, rumänischer Helden, Städte, Flüsse und Landschaften. Ohne jahrelange Übung, behauptet Ingo, seien Eigennamen sowjetischer, polnischer, tschechoslowakischer Helden, Städte, Flüsse und Landschaften ganz und gar unaussprechlich, ganz und gar resistent gegen jede Einprägung

Der erste warme Frühjahrstag als frühjahrsgrüner Hochsommertag. Die ganze Stadt auf den Beinen. Jeder Stuhl wird auf die Straße geschleppt. Wer nicht in der Altstadt unterwegs ist, wäscht sein Auto unten an der Weichsel. Largest cities of the European Union by population within city limits (one of). Wünschenswert wäre das Entstehen eines totalen Völkergemischs, wie wir es vor hundert Jahren in Osteuropa schon einmal hatten. Fixe Idee: Allgemein wünschenswert wäre eine totale Bastardisierung. Plan- und zielloses Umherlaufen in der Innenstadt von Warschau, Warsaw, Warszawa. Es kommt, wie es kommen muss: ich lande zwischen Exponaten eines Militärmuseums. Um ein finsteres Gebäude stehen im Freien all die ausgestopften Kampftiere. Sowjetische Spezies, eigene Spezies, Beutewaffen. Bis an die Zähne. Sturm auf Berlin! Hand in Hand mit den Waffenbrüdern und fordernden Befreiern. (Die listige Evolution ist zu jeder Camouflage fähig)

Wenn es in Moskau sieben – Schwestern genannte, weil baulich verwandte – Hochhäuser aus der Stalinzeit gibt, von denen eine geplante achte Schwester abhanden gekommen ist, dann ist der Kulturpalast in Warschau dieses eine, in Moskau fehlende, in Warschau lange Zeit höchste, inzwischen aber von spiegelnden Nachwende-Hochhäusern umstellte, aber immer noch triumphal triumphierende Gebäude. Was für ein bombastischer Kulturbegriff steht hinter so einem Palast? Symbolische Architektur: die von Moskau westlich bis nach Warschau projizierte achte Schwester steckt weithin sichtbar ein Territorium ab. Von oben theoretisch gut sichtbar: der jüdische Wohnbezirk gleich daneben (ein bisschen rekonstruierende Fantasie kann nicht schaden)

wie viele Stockwerke hat so ein jüdisches Wohnhaus?

wie geht es zu in so einer Judenschul?

bald nach Kriegsbeginn, unmittelbar nach der deutschen Besetzung polnischer Städte und Dörfer, ergoß sich aus dunklen Kellerlöchern und schmutzstarrenden Baracken eine wimmelnde Menge seltsamer Gestalten

die Ghettos waren eine wohl unfreundliche, aber nicht zu übersehende Tatsache, berichtet das Schwarze Korps in seinem Artikel, Auswurf des Ghettos, hier war die Brutstätte des Weltjudentums

In einer unglaubwürdigen Atmosphäre von Schmutz und sanitärer Verseuchung, so das SS-Organ in seiner Ausgabe vom 2. Mai 1940, in einem bizarren Gewinkel von Gäßchen, vielgeschossigen Kellern und verbauten Hinterhöfen, drängte sich eine unübersehbare Judenmenge, die sich trotz Armut und Typhus noch ununterbrochen vermehrte. In diesen lichtlosen Höhlen verbargen sich zahllose Gewohnheitsverbrecher, Mörder, Gauner und Taschendiebe – Typen, wie wir sie in einer unserer letzten Ausgaben gezeigt haben, mußten von den deutschen Säuberungskommandos unter Lebensgefahr aus den unterkellerten Rattenlöchern herausgeholt werden. Diese Aufräumarbeit stellte an die Nerven der eingesetzten Männer von SS und Polizei starke Anforderungen. Es galt, sich durch penetrant riechende, dicke Gestankschwaden, durch Dreck, Dreck und nochmals Dreck, durch Ungezieferschwärme und durch unappetitliche jüdische Privaträumlichkeiten hindurchzukämpfen. Jeder, der mit dabei war, schüttelt sich in der Erinnerung noch heute vor Ekel und Grausen und gesteht, daß er erst seit diesen Erlebnissen das Judentum in seiner wahren Gestalt ganz erkannt hatte

Pommerland, auf abgebrannt

Polen: zur Zeit unter polnischer Verwaltung (das Polen des Jahres 1959 ist das Polen aus dem Bertelsmann Hausatlas von 1959, der Bertelsmann Hausatlas als einziger Weltatlas der Familie in den olympischen Siebzigerjahren)

Springer-Hochhaus, Berlin. Die vor dem Springer-Hochaus angebrachten, nach Osten weisenden Wegweiser, die 1983 samt Entfernungsangaben in Richtung der ehemals deutsch genannten Städte in den ehemaligen Ostgebieten des Deutschen Reiches zeigten und vermutlich immer noch zeigen

erste Polnische Teilung
zweite Polnische Teilung

Das modernste Land Europas (eigentlich): unter dem Einfluss von Aufklärung und Französischer Revolution hatten die Polen im Mai 1791 als erstes europäisches Volk eine Verfassung beschlossen, die taugte als blueprint für die Entwicklung einer emanzipierten Gesellschaft, allein die benachbarten Monarchien Preußen, Österreich und Russland hatten ernsthaft was dagegen. Uneigentlich: Teilung der Beute als schadensbegrenzend-vorbeugende Maßnahme

dritte Polnische Teilung
vierte Polnische Teilung

Polen: die Nation auf Rädern. Move to the left – move to the right. Die Nation auf Rädern ist nur mal kurz auf Achse

der Molotow-Ribbentrop-Cocktail

Abb.: Veteranen vor der von Stalin und Ribbentrop signierten Karte, die Teilung Polen betreffend – Militärmuseum, Warschau

Generalgouvernement und Reichsprotektorat als östliche Anhängsel des Reiches. Direct flights to Prague, Warsaw and other German cities. Wie viele Häuser hat das böhmische Dorf? Wo hat die Bohème eigentlich gewohnt? Wie sah so eine Judenschule eigentlich aus? Wie viele Tische hat die polnische Wirtschaft?

komm mit, die Pferde warten schon

die Schwarze Straße
der Scheinbahnhof
das mit einem Wäldchen getarnte Tor
das im Tiroler Stil errichtete Wachhaus

der hastig errichtete Bauernhof nach der Einebnung und fluchtartigen Räumung des Geländes

Holiday in Cambodia, Fresh Fruit for Rotten Vegetables, Dead Kennedys, polnische Pressung

Jahrelang dachte ich, Galizien läge im Süden von Polen. Jetzt erst erfahre ich, Galizien liegt im Norden von Spanien. Polnische Todeslager im Norden von Spanien! (Ein Querulant hatte scharfe Kritik an der Wortwahl eines Entschließungsentwurfs der Liberalen geübt)

Vicky Leandros singt: Theo, wir fahrn nach Łódź

(die Pferde sind schon eingespannt)

DAF singen in Kleinschrift: die lustigen stiefel marschieren über polen. die lustigen stiefel marschieren über polen. die deutschen kinder marschieren ein in polen. die lustigen stiefel

Sender Gleiwitz,
Gebäude und Masten des Senders

das Tannenberg-Denkmal

Unternehmen Tannenberg,
Gebäude und Masten des Senders Gleiwitz am Vorabend der Geheimaktion dieses Namens

Alte Teestube
Neue Teestube

die Wolfsschanze sei eine Mischung aus Kloster und KZ gewesen, so Jodl in Nürnberg

Schloss Posen, Goldener Saal, 4. Oktober 1943
Schloss Posen, Goldener Saal, 6. Oktober 1943

Abb.: Guido Knopp im Gespräch mit Heinrich Himmler

Wo waren Albert Speer und Alfred Rosenberg zwischen 17 Uhr 30 und 19 Uhr? Wer war bei der zweiten Posener Geheimrede alles im Saal?

Abb.: Umwandlung einer polnischen Bauernwirtschaft (links) in einen deutschen Hof (rechts). Reichskommissar für die Festigung deutschen Volkstums, Neue Dorflandschaften (1943), praktische Hinweise zur Germanisierung eines polnischen Hofes

Abb.: Plan eines Dorfes gemäß Richtlinien Himmler. Planung Architekten Reichsheimstättenamt. Das geplante Dorf umfaßt fünf Siedlungen mit dem Hauptdorf in der Mitte und vier Satellitendörfern an der Peripherie. Die Konzentration der Dörfer sichert den sozialen Zusammenhalt und hat große strategische Bedeutung

Abb.: Umwandlung einer polnischen (oben) in eine deutsche Landschaft (unten). Praktische Anregungen zur Germanisierung der polnischen Landschaft. Zerstreut liegende polnische Höfe sind durch Hofgruppen (links) oder Dörfer (rechts) zu ersetzen. Äcker sind durch Gehölze, Baumreihen, Hecken und Gebüsch zu trennen. Habitat für Wiesel und Igel, Bussarde und Falken, des Bauern Verbündete in seinem Kampf gegen Mäuse, Schutz vor Wind führt zu verstärkter Taubildung, Anregung der Wolkenbildung und vermehrtem Regen, hilft ein wirtschaftlich günstigeres Klima weiter ostwärts ausbilden

Professor Heinrich Friedrich Wiepking-Jürgensmann sagt: Wer den Osten gewinnen will, muß gegen das Ostische kämpfen

Es können Menschen, Menschenwerke, Städte oder ganze Landschaften sein, die wir als ostisch empfinden. Die Gefahr einer Verostung läßt sich bei unseren engen Lebens- und Verkehrsbeziehungen nicht auf den eigentlichen Osten beschränken, sie würde sich tief in den alten gesunden und wahrhaft deutschen Teil des Volkskörpers hineinfressen und ihn in seinen besten Werten vernichten. Man wird das Weiterfressen des Ostischen nach dem Westen und Süden nur verhindern können, wenn unerbittlich die Quellen des Ostischen auf immer keinen Zufluß zum Westen mehr haben. Keine Brücke, kein Steg darf zwischen Osten und Westen bleiben

Abb.: Entwurf eines Wandbehangs für Himmlers Arbeitszimmer in Auschwitz

Abb.: Entwurf eines Sessels für Himmlers Arbeitszimmer in Auschwitz

Abb.: Ansicht des Hofes der projektierten Lagerkommandantur, Architekt Georg Werkmann. In der Mitte Haupteingang Kommandantur mit großer Festhalle

Wollt ihr die totale Landschaft? Professor Heinrich Friedrich Wiepking-Jürgensmann sagt: Entscheidend ist die Prägung einer kämpferischen Form für diese Landschaft

Die Forderung einer Wehrlandschaft ist kein Spiel mit Worten. Weite Ebenen ohne Wasserlaufnähe und Baumbestände, ohne Gliederung durch Waldungen und durch Siedlungen sind auch, militärisch gesehen, eine zu offene Sache. Die Kosaken des Weltkrieges konnten sich z.B. in Ostpreußen nicht entfalten, weil zu viel Koppelzäune und Hecken das Land kreuz und quer durchliefen. Im jüngsten polnischen Feldzug haben wir zwei in ihren Wirkungen äußerst starke Waffengattungen kennengelernt: Flugzeuge und motorisierte Einheiten. Ihre Wirkungen in baumloser Steppe sind vernichtend gewesen. Es bedeutet kein Ausplaudern militärischer Geheimnisse, wenn für die Zukunft gesagt wird, daß in siedlungs- und kulturmäßig hochentwickelten Landschaften jene modernen Kampfmittel in ihrer Wirkung weitgehend aufgehoben werden. Kein fremder Flieger darf irgend etwas sehen können, was ihm verborgen werden kann. Auch dem schwersten Tank können Bäume entgegenwachsen, die er nicht brechen kann. Stauweiher können geschaffen werden, die auf lange Strecken feindliche Anmarschwege verlegen. Getarnte eigene Anmarschwege und Flächen sind so anzulegen, daß sie ein Glied des Ganzen sind. Wie es seit den ältesten Zeiten der Kriegsgeschichte immer Scheinangriffe gegeben hat, so sollten wir in einer idealen Verteidigungslandschaft auch Scheinpflanzungen vorsehen. Eine Schutzpflanzung auf großer weiter Fläche lenkt die Augen eines jeden Flieger- und Artilleriebeobachters auf diese eine und einzige Deckungsmöglichkeit

Wollt ihr die totale Stadt? Politisch verkörperte Gottfried Feders, vorwiegend für den zu erobernden Osten skizzierte Neue Stadt (1939) annähernd die hierarchische Struktur der NSDAP mit ihrer Stufenfolge von der Hausgruppe über Block, Zelle, Ortsgruppe und Kreis bis hinauf zum Gau

Wenn nun die an einer Wohnstraße wohnenden Straßengemeinschaften oder Blöcke dem Begriff der Zelle entsprechen und 3-5 Unterkerne oder Zellen einen Kern oder eine Ortsgruppe mit 2000 bis 5000 Menschen bilden und wiederum 6-10 Ortsgruppen oder Kerne einen Kreis und zugleich eine Stadt aufbauen, so ergibt sich hier eine erfreuliche Übereinstimmung zwischen versorgungsmäßigem, verwaltungsmäßigem, organisatorischem und verkehrsmäßigem Aufbau. Man kann also sagen, unsere Stadt ist in jeder Hinsicht total

Kolchos

Sowkos

das ist Russland, so sieht es aus:

Potemkin'sche Hunde in Pawlow'schen Dörfern

Millionen Quadratkilometer Schneewüste starren dich an

Anflug, deklariert als Rundflug über der Nordsee

Anflug von Hamburg-Utersen via Island, Norwegen, Finnland, Leningrad und weiter entlang der Eisenbahnmagistrale Leningrad–Moskau

Der als Kremlflieger bekannt gewordene junge Deutsche Mathias Rust sei mit seiner gemieteten Cessna an jenem 28. Mai 1987 eben nicht auf dem Roten Platz gelandet. Der deutsche Gutmensch Rust sei zwar direkt neben dem Kreml, nicht aber auf dem stark frequentierten Roten Platz, sondern aus humanistischen Gründen auf jenem dem Roten Platz vorgelagerten Wassilewski-Spusk zwischen Basilius-Kathedrale und der Moskwa direkt vor dem Hotel Rossija gelandet

Im Fernsehen ausgestrahlte Beiträge zeigten an diesem landesweit gefeierten Tag der sowjetischen Grenztruppen parallel mitfliegende MiG-23-Kampfflugzeuge. Trotz dessen rechtzeitiger Erfassung wurden fällige Entscheidungen, etwa zum Abschuss des illegitimen Flugobjekts, nicht getroffen

Nach seinem Flug sagte der Philantroph und jetzige Pokerprofi Rust, er habe ihn für den Weltfrieden und die Verständigung zwischen den Völkern unternommen

Stalin hasste das Fliegen. (Überhaupt kann man sagen, Stalin reiste nicht gern.) Auch den langen, triumphalen Weg von Moskau nach Potsdam ins niedergerungene Deutschland überwand der siegreiche Sowjetführer mit dem Zug. Steigerung von General: Generalissimus. Die lückenlose Observation der gesamten Strecke von Moskau nach Potsdam und zurück als von höchster Stelle angeordnete Maßnahme, als unvermeidlicher Aufwand. Die lückenlose Observation der gesamten Strecke von Moskau nach Potsdam und zurück als schier nicht zu bewältigende Aufgabe. Der Stählerne: eigentlich Iossif Wissarionowitsch Dschugaschwili

Hitler und Stalin verliefen sich im Wald

die tragischere Gestalt?
eindeutig Stalin

Deutschland sei nur mehr ein geographischer Begriff, wie Stalin in Potsdam mit Genugtuung bemerkte. Konzert der Städte, Auftritt in logischer Folge. Ohne Stalingrad wäre es zu Jalta nie gekommen. Ohne Jalta hätte es Potsdam nicht gegeben, ohne Potsdam wäre es zu Westberlin nie gekommen, ohne Potsdam hätte nie ein Ostberlin mit einem Bonn am Rhein verhandelt. Cecilienhof, Potsdam, im historischen Sommer 1990: die roten Blumen gruppiert zum roten Stern vor dem historischen Ort (der gepflanzte Rote Stern sicher durch irgendein umfangreiches russisch-deutsches Vertragswerk für alle Zeiten geschützt)

Marx Marxist?
Lenin Leninist?
Trotzki Trotzkist?
Stalin Stalinist?

wie zuverlässig waren die eigentlich alle?

Blick von der Stockwerkslobby über die Kremlmauer hinweg direkt in den heiligen Bezirk. Der Rundblick vom Turm des Hotel Rossija auf die Sieben Schwestern. Der Turm des Hotel Rossija, das damals zentralste

Hochhaus. Der Turm des Hotel Rossija als zentraler Bezugspunkt gleich neben dem Kreml. Der halbhohe Turm des Hotel Rossija an Stelle der nie gebauten achten Schwester. Frühsommer 2001. Der Turm des Hotel Rossija kurz vor dem Abbruch der zwölfstöckigen Hotelstadt

Der Vorstellung von Hochhäusern als Frauen entspricht die Vorstellung von verwandten Hochhäusern als Schwestern. Stalins Schwestern. Die Vorstellung vom geselligen Kreis der sieben Schwestern. Die Vorstellung vom neuerrichteten Triumph-Palace als achter und jüngster Schwester

Eine religiös inspirierte und treu verehrte Tafel aus der Zarenzeit am Zugang des Roten Platzes war ersetzt worden durch die bekannte Inschrift: Religion ist Opium für das Volk. Des Lesens nicht mächtige Bauern bekreuzigten sich auch weiterhin an ebendieser Stelle

In der allergrößten Mittagshitze standen wir vor dem Lenin-Mausoleum und kamen nicht rein. Wegen einer winzigen Minox! Wegen meiner mitgeführten Agentenkamera kam ich, trotz erschlagender Hitze, nicht ins Innere der Gruft. Dem wächsern Schimmernden stand sicher selbst schon Schweiß auf der Stirn, aber man ließ mich nicht vor. Nebenan Stalin, nach dem Rauswurf aus dem Lenin-Schrein gleich an der Kremlmauer vergraben (Sentimentalisten sagen: verscharrt). Hitzende Brülle in Moskau. Transparente Wolkenschlieren am erbarmungslosen Himmel. Immer, zumindest bis zu meinem nächsten Besuch, werde ich das frühsommerliche Moskau mit erbarmungsloser Hitze verbinden. Der größtmögliche Kontrast, waren bisher doch fast nur Schnee- und Eisfotos von der russischen Hauptstadt bekannt

Die durch die Stadt mäandernde Moskwa, die noch verschlungener als die Seine in Paris mäandernde Moskwa in Moskau. Die Lomonossow-Universität auf den Lenin-, jetzt wieder Sperlingsbergen. Die prächtigste, die triumphalste der Schwestern vom weißen Moskwa-Boot aus betrachtet. An Tagen wie diesen kommen nur Schiffe (Hinweg) und Metro (Rückweg) zur Fortbewegung in Frage. Das garantierte Ende des Mäanderns: Für den Zeitpunkt des Endsieges des Deutschen Reiches lagen bereits konkrete Planungen vor, die Stadt Moskau in einem riesigen Moskwa-Stausee zu versenken, um sie so am wirkungsvollsten für immer von der Landkarte und aus der kollektiven Erinnerung zu streichen

Fig.: Rusakov Club, Moscow Russia
Fig.: Zuev Club, Moscow, Russia
Fig.: Palace of Culture for the Likhachev Plant, Moscow, Russia
Fig.: Narkomfin Commune Building , Moscow, Russia
Fig.: Architect K. Melnikov's Own House, Moscow, Russia
Fig.: Narkomtyazhprom – People's Commissariat for Heavy Industry (Project), Moscow, Russia
Fig.: Newspaper Izvestiya Building, Moskow, Russia
Fig.: Russian State Library (Lenin Library), Moscow, Russia
Fig.: Lenin Institute (Project), Moscow, Russia

(auffallend viel Schnee auf all diesen Fotos!)

Bei den Sprechern der automatischen Durchsagen handelt es sich im Regelfall um aktive oder ehemalige Radiomoderatoren, die vorgegebene Ansagetexte im Auftrag der Metro in einem Tonstudio des Moskauer Funkhauses aufnehmen. Eine Besonderheit bei der Moskauer Metro besteht darin, dass die Ansagen sowohl von weiblichen als auch von männlichen Stimmen erfolgen, die Einteilung ist keineswegs zufällig: grundsätzlich erfolgen die Ansagen in Zügen, die in Richtung des Stadtzentrums verkehren, mit einer männlichen Stimme, während Fahrten in Stadtrandrichtung Frauendomäne sind. Bei langen Nord-Süd- beziehungsweise Ost-West-Linien erfolgt der Stimmenwechsel an einer bestimmten dem Kreml am nächsten liegenden Station

Auf der Ringlinie gilt diesbezüglich eine weitere Regel: in Zügen, die im Uhrzeigersinn verkehren, erfolgt die Ansage mit männlicher, in Zügen gegen den Uhrzeigersinn mit weiblicher Stimme. Eine solche Aufteilung wurde gewählt, um Fahrgästen eine bessere Orientierung zu ermöglichen

Das moskauer Hotel Intourist angeblich als sowjetische Antwort auf die neue Generation moderner Wolkenkratzer New Yorks, die Nikita Chruschtschow, Stalins direkter Nachfolger im Amt, im September 1959 auf seiner USA-Reise gesehen hatte und angeblich ähnlich auch in Russland erbaut sehen wollte. Die erste USA-Reise eines sowjetischen Regierungschefs hatte architekturhistorische Folgen

Nie hat Vater von Generalissimus Stalin geredet. Eher hat Vater von Nikita Chruschtschow und seiner Schuhaktion vor der UNO-Vollversammlung geredet. (Am liebsten hat Vater von General Tito geredet)

everything is bigger in Russia

Klingeln zu Unzeiten, denke, es ist der Spezl. Massage? You want massage? Zweimal, dreimal, viermal. Reicht nicht. Meine Vorstellung, die Dienstleisterin sitzt in einem Zimmer im Turmteil des Hotels und hat einen genauen Überblick, in welchen der 3000 Zimmer des Riesenkomplexes noch Licht brennt. Everything is bigger in Moscow. Einschlägiges Rumhängen in der Lobby. Toll auch das Rumsitzen vor der Hotelbar. Es scheint hier von der Hotelverwaltung verhängte Regeln zu geben. Es geht um eine gewisse Dezenz. Es geht um den Ruf des etwas angeschlagenen Hauses. An warmen Frühsommerabenden wird auch draußen bedient. Voyeurismus als eine Möglichkeit unter anderen Möglichkeiten. Der Prospekt: die zur Moskwa hin abfallende Mauer des Kreml. Im Jahr 2001 sitzen noch immer stolze rote Sterne auf den Turmspitzen der Staatsburg. Vor staunenden Hotelgästen ist Mathias Rust hier mitten auf dem Busparkplatz gelandet. Staunende Passanten. Lubjanka von innen: Mathias Rust hier gleich vom Platz weg von der Staatssicherheit verhaftet

und ja, im Kreml brennt noch Licht

Hotel Metropol. Restaurant Fjodorov. Passend/unpassend: Tante Helgas weitererzählte Stories von ermordeten Hotel- und Restaurant-Managern, von geschätzten Geschäftspartnern ihres Reisebüros im letzten Jahr der Perestroika. Zeit des Umbruchs, Zeit der Reibungsverluste

Dschingis Khan singen, München singt, die ganze Welt singt: Moskau, Moskau, Russland ist ein schönes Land, wir werfen die Gläser an die Wand, ho-ho-ho-ho-ho

Eis zur Kühlung, Eis zur Verdünnung des Nationalgetränks, Eis zur Verlängerung des Abends. Tourismus kennt keine Regeln des Landes

arc lamps will flood the villages, towns, parks and squares

Moskau/Moskwa, die Stadt
Moskau/Moskwa, der Fluss
Moskau/Moskwa, das Hotel
Moskau/Moskwa, das Schwimmbad

Ramps and staircases were to connect the building with the square. Von 1935 bis 1957 stiegen die Moskauer südlich des Kreml für über zwei Jahrzehnte an einer Metro-Station aus mit Namen Palast der Sowjets. Unterirdische Pracht, benannt nach dem Projekt für das größte Gebäude der Welt. Der erste ästhetische Elan des ambitionierten Riesenreiches war bereits verflogen, jetzt musste was für die Ewigkeit her. Ein die ganze Welt beeindruckendes Zeichen. Ein Turmpalast. Dworjez Sowjetow. 1931: erster Wettbewerb. Aussortieren sämtlicher konstruktivistisch-moderner Entwürfe. 1932: zweiter Wettbewerb. Eingrenzung der Entwürfe aufs neoklassizistisch Monumentale. 1933: dritter Wettbewerb. Benennung Boris Iofans als Sieger und ausführender Architekt. Einzig namhaftes Jurymitglied: Architekturexperte Stalin. Wenn es je eine Zuckerbäckerarchitektur gegeben hat, dann entsteht hier auf unzähligen Plänen deren reinster Vertreter. Eine zylindrisch, in mehreren Sprüngen nach oben hin sich verjüngende Hochzeitstorte. In einer der letzten Varianten durch ein obligatorisches Brautpaar gekrönt. Lenin und Stalin, sich zu Lebzeiten nicht besonders zugetan, teilen sich die oberste, abschließende Ebene der Torte. Einwand des Architekten an den stets mitplanenden Stalin: dürfte eng werden

die Krönung des Palastes, wechselnder Planungsstand: vom Freien Arbeiter über Hammer und Sichel zum immer größer werdenden Lenin, von den vereinten Parteiführern Lenin plus Stalin über den freigestellt-singulären Stalin zur entstalinisierten Lösung oben ohne alles – nach des Gewaltigen Tod

1
Panorama view of the city center with the Palace of Soviets

2
Overall plan

3
The Palace of Soviets in the 1935 overall plan of Moscow

4
General view, A version

5
Interior of the Main Hall

Vier Jahre nach der Benennung einer zentralen Station der Linie Eins als Station Palast der Sowjets, mitten in der Periode des Kämpferischen Atheismus, begann der Bau des als größtes und höchstes der Welt angelegten Gebäudes tatsächlich. Eiffelturm und Empire State Building galt es mit links zu übertrumpfen. Symbolische Bauplatzwahl. Sprengung und Abriss der größten griechisch-orthodoxen Kirche der Welt im Dezember 1931, Baufeldfreimachung gleich südlich des Kreml. Aushub und Stabilisierung des sumpfigen Baugrunds. Bau der Fundamente. Beginn der Sockelaufbauten. Ständige Planungsänderungen, ständige Richtungskorrekturen. Hitler und Stalin verliebten sich im Wald. Hitler-Stalin-Pakt: vorübergehende beiderseitige Beschwörung der deutsch-sowjetischen Freundschaft. Geheime Zusatzprotokolle: geheim, streng geheim, strengstens geheim. Angriff des Deutschen Reiches auf den Bündnispartner im Jahr zwei des Vertrages. Berlin an Moskau: Ankündigung der Vernichtung des bolschewistischen Rivalen. Goebbels: Der Führer schätzt die Aktion auf etwa vier Monate, ich schätze auf weniger. Der Bolschewismus, weiß Goebbels, wird wie ein Kartenhaus zusammenbrechen. – Sämtliche Anstrengungen der Räteunion, so die dringliche Ansage aus Moskau an das sowjetische Volk, haben sich auf die Abwehr des heimtückischen Angriffs zu richten. Einstellung der Bauarbeiten am Rätepalast (der Architekt plant vom sicheren Swerdlovsk aus weiter). Konversion der für den Kriegseinsatz tauglichen Stahlbauteile für Befestigungen und Stahlbrücken. Vorrücken der deutschen Front bis kurz vor Moskau. Evakuierungsmaßnahmen in der Hauptstadt. Expressbeseitigung aller Dissidenten. Sammlung zum Gegenangriff. Die Wende von Stalingrad ausgerechnet in Stalingrad. Einmarsch in Berlin. Sieg und Erschöpfung. Wiederaufnahme der Planungen für den Rätepalast. Ständige Planungsänderungen. Während die unterirdischen Paläste allerprächtigster Metro-Stationen immer mehr wurden, ging es mit dem Sowjetpalast oben nicht recht weiter. Auch als nach dem Sieg über die Deutschen die als Lazarette und Regierungsbunker genutzten U-Bahn-Stationen wieder für ihren eigentlichen Zweck geöffnet werden, geht es oben nicht recht weiter. Stalins Nachfolger als Lenins Nachfolger: Es gibt Wichtigeres zu tun, als den Bau tatsächlich zu beginnen. Chruschtschow lässt die Fundamentreste schleifen. Super Idee auch: Errichtung eines runden, dampfbeheizten Riesenschwimmbads an gleicher Stelle; ganzjährig geöffnetes Freibad mit Blick auf die nebenan fließende Moskwa. Adresse Kropotkin-Platz. So soll jetzt auch die umzubenennende Metrostation heißen

Isländische Szenerie mitten im winterlichen Moskau: Dampfschwaden, die wie aus aufgerissenem Boden heraufsteigen. Jetzt bei Bruthitze vor der hochglänzenden Kirchenrekonstruktion stehend, ganz und gar unvorstellbar. Irgendwo ragen zwei Sprungtürme aus dem undurchdringlichen Nebel, wahrscheinlich treiben Eisschollen nebenan auf der Moskwa

Fotos, die man selbst machen muss
Fotos, die man nicht selbst machen muss

Eine stalinistische Architektur hat es gegeben, eine leninistische eher nicht. Wie lange, das frage ich Georg, muss man an der Macht sein, um einen Architekturstil zu prägen? Wie viel Macht muss man wie lange haben, um einen Architekturstil unter eigenem Namen zu etablieren? Gute drei Jahrzehnte absoluter Macht sind eine ziemlich lange Zeit. Kollege Hitler hatte nur zwölf. Die Sieben Schwestern als an den Rand der Innenstadt gestellte Satelliten des Sowjetpalastes? Die Sieben Schwestern als an den Rand der Innenstadt projizierte Kremltürme?

Vollkommen orientierungslos in der kyrillischen Metro. Kyrillische Buchstaben sind dermaßen verwirrend. Bin ich ein Grieche? Kyrillische Hinweisschilder sind schlimmer als gar keine Hinweisschilder. Himmlischer Friede. Peking könnte nicht ferner sein

Acht Schwestern verlaufen sich im Wald, eine von ihnen geht verloren. Die meisten der verbliebenen Schwestern, wie auch die meisten der sakraleren Türme im Kreml, noch immer mit ihren inzwischen fast schon folkloristischen Fünfzacksternen an der Spitze. Hat was. Was auch die meisten der Schwestern untereinander verbindet, sind die noch immer vorhandenen Sowjetsterne an exponierter Stelle. Ohne die Fünfzacksterne würde in der zunehmend unübersichtlichen Stadt die geschwisterliche Kommunikation sofort zusammenbrechen, behaupte und befürchte ich ernsthaft

außen: Ministerium
innen: Ministerium

Das Außenministerium am Platz des Außenministeriums. Das Außenministerium, die zweite aller Schwestern (allein vier von ihnen waren 1953 geboren). Denkmalschutz für Denkmäler. Das Außenministerium noch immer mit dem 140 qm großen sowjetunionistischen Staatswappen an der graugelben Fassade. Als Vergegenwärtigung der größten Macht und Ausdehnung des Imperiums bleibt das Symbol, selbst Teil des Gemäuers, auch nach dem Zusammenbruch des Systems Sowjetunion weiter an seinem Platz

this is Moscow

wenn es heißt, Moskau sagt, Moskau spricht, Moskau verlautbart, dann ist es in der Regel dieses Gebäude, das spricht, aus dem und durch das gesprochen wurde und wird. Selbst das andernorts untergebrachte Politbüro sprach in der Regel über und durch dieses Gebäude nach außen, draußen, nach außerhalb des Imperiums. Gegenüber gibt es einen extraguten Imbiss, der jetzt herhalten muss. Weiße Stühle aus Kunststoff. Ministeriabler Ausblick im abendlichen Halbschatten

gibt es die neue Weltordnung schon?

Lenins Wahrheit

Abb.: Lenin, die Prawda lesend (Foto)

Stalins Wahrheit

Abb.: Stalin, die Prawda lesend (Gemälde)

Argumenty i Fakty: Lenin, von El Lissitzkys todschicker, schräggestellt-schwebender Lenin-Tribüne, Lenin von einer kolorierten Projektzeichnung herunter die materialistisch fundierte Wahrheit verkündend

Abb.: Das konstruktivistische Prawda-Gebäude, Projektzeichnung Vesnin-Brüder, Leningrad 1924

Väterchen mit Kindern. Väterchen ohne Kinder. Der Stählerne, liebevoll Stalin genannt. Der heiß verehrte Bezwinger der mit letzter Kraft doch schlagbaren Nazis. Stalins Pfeife als ständig wiederkehrendes Logo auf der Website des Stalin-Museums (Stalins Pfeife als Stalins Wahrheit). Wir sehen ein tempelartiges, neoklassizistisches Gebäude mit Turm. Eine Kirche, was für eine Kirche? Die Wahrheit: der über Stalins eher ärmlichem Geburtshaus errichtete neoklassizistische Tempel, mit angeschlossenem Stalin-Museum in Gori/Georgien. (Er bleibt einer von uns, egal wie er drauf war.) Berija kam auch aus der Gegend

Die Sperlingshügel als Leninhügel und wieder zurück. Das in den Zwanzigern projektierte Lenin-Institut als futuristischstes Gebäude von allen. Förmlich schon ins All abhebend. Nie aber dort landend, wo es bestimmt war zu landen (es hatte Probleme gegeben)

Fig.: Lenin Institute (Project), Architect, I. Leonidov

Settled on the Lenin Hills in Moscow, the Lenin Institute was to become the All-Union Science Center. It was to consist of a library for 15 millions volumes, five reading halls with capacity of 500-1000 persons, a number of institutes and a huge auditorium, and was to be connected with the center of Moscow by a suspended monorail system (aerotram)

Wäre es je verwirklicht worden, noch heute wäre dieses Gebäude eines der radikalsten und futuristischsten der Welt. Wäre der Lauf der Geschichte ein anderer gewesen. Hätte Stalin einen anderen Geschmack gehabt. Wäre der alles verschlingende Große Vaterländische Krieg nicht

Georg: wäre, hätte, könnte

kann man so sagen: die Architektur verfinsterte sich in dem Maß, in dem sich auch die politische Situation verfinsterte

kann man so sagen?

Kühlende Getränke. Heute keine Sperlinge auf den Sperlingsbergen. Kurze Röcke mit studentischem Hintergrund

kann man so sagen

Abb.: Blick vom Lenin-Hügel über die Moskwa auf das Lenin-Stadion und die Stadt im August 1974. Scan vom Dia. Dieses Foto wurde bis jetzt 142 mal betrachtet. Keine Kommentare

Abb.: Die im stalinistischen Zuckerbäckerstil erbaute Lomonossow-Universität liegt auf dem Lenin-Hügel. Scan eines Dias aus dem August 1974. Dieses Foto wurde bis jetzt 129 mal betrachtet. Keine Kommentare

Abb.: Die Kreml-Türme vor abendlichem Himmel. Scan eines Dias aus dem August 1974. Dieses Foto wurde bis jetzt 125 mal betrachtet. Ein Kommentar

Lubjanskaja Ploschtschad Nr. 2, aussteigen Station Lubjanka

Architektur der Allmacht, achsensymmetrisch. Georg findet: Streng-finstere Noblesse, irgendwie auch. Architektur der Sicherheit (dicke Mauern versprechen erträgliche Temperaturen). Hauptsitz einer zaristischen Versicherung (ursprünglich), ebenso gut als Hauptsitz eines Staatssicherheitsdienstes geeignet. Die Burg. Das

Wort Säuberung in seiner saubersten Verwendung. Der Lubjanka-Keller, während des drohenden Einrückens der Deutschen Wehrmacht (die ultrawehrhafte Wehrmacht keine zwanzig Kilometer vor der Stadtgrenze). Dserschinskis Büro in der dritten Etage als Berijas Büro in der dritten Etage. Und endlich: die von Wladimir Putin für Geheimdienstmitarbeiter errichtete russisch-orthodoxe Kapelle

President Putin says: Social political reforms, broadening openness and democratic reforms in the country caused necessity of a wider interpretation of the security organ's activities

Visit the Lubjanka Museum, new Moscow's spooky attraction!

For opening hours contact Tel. (095) 914-85-38

Historically-Demonstrative Hall, Lubjanka Museum. Historically-Demonstrative Hall of Federal Service of Security of Russia (former name – the Chekist Hall of KGB of the USSR) was opened in September 1984 on the initiative of Y.V. Andropov, who was then the Chairman of KGB. The hall originally was created for perfecting professional training of the State Security organ's employees, as well as for education of young employees in the best traditions of special service organs

GPU für Glawnoje Polititscheskoje Uprawlenije
KGB für Komitet Gossudarstwennoi Besopasnosti
FSB für Federalnaja Sluschba Besopasnosti

The four halls of the museum contain more than two thousand exhibits. A great number of documents devoted to the creation and development of Soviet Services are widely represented in the museum

A separate hall is dedicated to the activities of the Security organ's employees during the Great Patriotic war. In the fight against the military espionage services of fascist Germany the Soviet Intelligence gained the upper hand. The enemy was defeated. Intelligence and other special services of Hitler's armies ceased to exist

To replenish the exposition the hall workers are continually working in different archives, meet veterans of the State Security organs, regularly obtain information from operative divisions of Security Services activities. Presentations in the hall are founded only on real facts and documents

der totale Glasnost

Wer die eiskalt-kühlenden Mauern der Lubjanka lebend verlässt, der fällt draußen vor Hitze in Ohnmacht. Wer sich ohnmächtig durch Auto- und Fußgängerverkehr schleppt, der braucht ein kühlendes Bier. Keine Fotos. Keine Kraft, den Reibungswiderstand des Auslösers zu überwinden

gibt es die neue Weltordnung noch?

George W. Bush sagt: wenn Russland westwärts schaut, sieht es keine Feinde mehr

Triumph-Palace

News: Another Eighth Sister Rising

Moscow: Russian developer Don Stroy has begun construction of another huge residential tower following the model of the Seven Sisters skyscrapers built under Stalin's reign in Moscow. Triumph-Palace will be even bigger than the 8th Tower of Moscow that is already underway in the New Ring of Moscow project. Triumph-Palace will contain over 1000 luxury apartments with all modern conveniences like internet connections and club houses when it is completed at the end of 2002

Emporis Skyscraper Award 2005:
Triumph-Palace was chosen as one of the best new skyscrapers of the year 2005 and received 29 voting points. Click here to read more about the Emporis Skyscraper Award 2005

click on Triumph-Palace in Moscow for more information

um eine Architektur namentlich zu prägen, muss man nicht nur so lang wie möglich an der möglichst absoluten Macht sein, sondern muss das Thema Bauen auch sofort und für alle unmissverständlich zu einem, wenn nicht zu dem Schlüsselthema und zur absoluten Chefsache machen

bemerkenswert unverkrampftes Verhältnis zur jüngeren Vergangenheit auch (Turbokapitalismus und Stalinismus haben an der Moskwa kein ernstes Problem miteinander)

Edelweiss
Davis Langdon & Seah International

Facts

Similar design concept as Triumph-Palace: The Edelweiss was designed as a companion to the Seven Sisters (Vysotniye Zdaniya) built in the 1950s. Edelweiss is the first project of The New Circle of Moscow municipal program. According to the program, about 60 high-rise multi-functional residential complexes will be built around the middle-distance-belt area of the city, at the plots approved by Moscow Architecture Committee. Recreational facilities in the building include: aquapark equipped with hydromassage tubs, waterslides, solarium, universal gymnasium, 10 track bowling center, billiard rooms

Emporis Skyscraper Award 2003:
Edelweiss was chosen as one of the best new skyscrapers of the year 2003 and received 11 voting points

click here to read more about the Emporis Skyscraper Award 2003

sozialistischer Realismus soll die Niederlagen der Menschheit nicht überbetonen sozialistischer Realismus soll der Menschheit nicht den Mut zu bevorstehenden Kämpfen nehmen

die Synthese aus Realkapitalismus und gebautem sogenanntem sozialistischem Realismus ist der doppelte Triumph über die frühsowjetische Moderne

die gefeierte Synthese aus postsozialistischem Neokapitalismus und stalinistischer Türmchenpracht ist der späte Doppeltriumph über die russische Avantgarde

kann man so sagen

der Triumph des kapitalistischen Systems über das kommunistische als Feier der stalinistischen über die moderne Architektur

kann man so sagen

der Triumph des Kapitalismus über den Kommunismus als verspätete Feier des Stalinismus über die Moderne

Edelweiss. Allein schon der Name ist natürlich ganz besonders toll. Edelweiss als unübersetztes, deutsches Lehnwort. Edelweiss ist der passende Name für ein bizarres Gebäude. Everything is bigger in Moscow: Musikantenstadel in Hochhausdimension. Deutsch-sowjetische Freundschaft. Die Gute Alte Zeit

Luschkow-Empire (Firmen, an denen auch die Frau des Bürgermeisters beteiligt ist)

splendor
magnificence
enthusiasm
triumph
force
joy
happiness

die Sache hätte klappen können

Red Banner Textile Factory, Leningrad

Fig.: The Red Flag factory under construction in 1926

Trikotazhnaya fabrika Krasnoye Znamya, Erich Mendelsohn, 1925-6

the factory is still partly in use as storage space

arrival on planet Munich
escape from planet Munich

return to planet Munich
escape from planet Munich

mit den in 3.1 beschriebenen Pendelbewegungen werden riesige Kraftwerke betrieben

Daheim im Basislager dann gleich die schön bebilderte Nachricht: es gibt ein Oktoberfest in Moskau, aber es gelten andere Regeln auf dem Oktoberfest in der russischen Hauptstadt

Kaum zu fassen, die gleichen Straßen, ähnliche zumindest. Die gleichen Gebäude, zum Teil zumindest. Die gleichen Straßennamen, großteils zumindest. Das gleiche, teure Pflaster (Granit, inzwischen meistens überteert)

Was tun? Was in München heute wie noch im Kaiserreich Kaiserstraße heißt, hätte in Moskau vor 1917 Zarenstraße geheißen. Wenn es dem illegalen Exilanten Wladimir Iljisch Uljanow in seinem kleinen münchner Untermietzimmer zu eng wurde, ging er von der schwabinger Kaiserstraße regelmäßig hinüber in das riesige, an der Ludwigstraße lang sich hinziehende Gebäude der Bayerischen Staatsbibliothek und schrieb dort sein folgenreichstes Buch: Was tun. Eines der folgenreichsten Bücher des folgenreichen zwanzigsten Jahrhunderts

Meine beiden Großtanten als Sekretärinnen beim Dampfkesselrevisionsverein in der Kaiserstraße. Meine beiden Großtanten Sophie und Bizzi später als Sekretärinnen beim aus dem Dampfkesselrevisionsverein hervorgegangenen Technischen Überwachungsverein in der münchner Kaiserstraße

Was tun? Nicht kleckern! Bei solchen Kalibern wie Lenin heißt folgenreich ja gleich allererschütterndste Weltgeschichte, die gar nicht so indirekt noch in die allergegenwärtigste postmoderne Gegenwart hineinregiert

tschto delat?

Die Druckerei am Hauptbahnhof. Die münchner Helfer und Genossen. Jahrhundertwende, das runde Jahr 1900. Der Sozialdemokrat Rittmeyer, Wirt des Lokals Onkel (Kaiserstraße, München-Schwabing), hatte einem erst vor kurzem aus der sibirischen Verbannung entlassenen, seit Jahren vom zaristischen Geheimdienst verfolgten Russen in seiner Parterrewohnung ein Zimmer frei gemacht. Der Mann nannte sich Meyer. Der Mann, russisch-deutsch-jüdischer Abstammung wechselte auf der Flucht vor dem russischen Aus- und Inlandsgeheimdienst ständig seinen Namen. Sein allerneuester sollte ihm bleiben. Unter Gleichgesinnten nannte sich der Untergetauchte im münchner Vorort Schwabing zum ersten Mal Lenin. Lenin, Wladimir Iljitsch

Januar 1901: Wenn man vom Eigentlichen nicht reden will, redet man vom Wetter. Wenn man seine Mutter nicht beunruhigen will, dann schreibt man ihr von schlecht gebauten Häusern, schreibt vom auffallend milden münchner Klima: Wenn ich hier den Deutschen (oder Tschechen) von den Temperaturen von 28 R erzähle, schreibt Lenin, ächzen die Leute nur und wundern sich, wie wir Russen das eigentlich aushalten. Hier gelten minus acht bis minus 10 Grad R als Kälte, als furchtbare Kälte, fast alle Leute gehen nur in Herbstmänteln (allerdings tragen sie größtenteils noch wollne Strickjacken). Auch die Häuser sind überhaupt nicht für die große Kälte eingerichtet, die Wände sind dünn, die Fenster werden nicht fest abgedichtet, sehr oft gibt es nicht einmal Winterfenster

Ein Illegaler, ein Russe beklagt sich über die miserabel gebauten münchner Häuser! Trotz des begünstigten Klimas, schon bei lächerlichen minus 3 Grad Réaumur sei es in den münchner Häusern wirklich furchtbar kalt

Die Frau des Russen kommt nach. Umzug in die noch beengtere Wohnsituation in der Schleißheimer Straße. Andere Nummer, paar Häuser weiter: Wo das russische Ehepaar wohnt, wird ein paar Jahre später Hitler wohnen. Weiterschreiben an Was tun heißt weiterschreiben in der Staatsbibliothek an der Ludwigstraße

Es geht darum, wie man die Kampfkraft des Proletariats für eine Revolution aktiviert. Es geht darum, vorerst eine Avantgarde zu bilden. Das ist die Theorie. In der Praxis wird in München mit gleichgesinnten Dissidenten und münchner Genossen eine Zeitung produziert, beim Hauptbahnhof gedruckt und von der bayerischen Residenzstadt in das Zarenreich geschmuggelt. Was ein Funke sein soll, heißt auch so auf Russisch: Iskra

Abb.: Lenin von der El-Lissitzky-Tribüne aus agitierend (Zeichnung)

Lenin, der genau genommen erst in München zu Lenin wird, als Redner auf der nie verwirklichten, schräg in einen imaginären Raum ragenden El-Lissitzky-Tribüne

Von der Sowjetunion lernen heißt siegen lernen! Es gibt ein Oktoberfest in Moskau, aber es gibt keine Glaskrüge auf dem Oktoberfest an der Moskwa. Aus Sicherheitsgründen gibt es 2006 nur Plastikkrüge auf dem Oktoberfest in der russischen Hauptstadt. Feldforschung: Wiggerl Hagn fliegt umgehend von Mjunik nach Moskau. Löwenbräu-Wapperl auf den Krug geklebt und Geschmack und Anmutung privat getestet. Von Russland lernen heißt trinken lernen! Wiggerl Hagen sagt: Hut ab! Wiesn-Wirt Wiggerl Hagn sagt: Aus Sicherheitsgründen auch eine gute Idee für München. Leichter, praktisch unzerbrechlich und vor allem: Plastikkrüge lassen sich viel schneller kühlen. Meldungen, die durch alle Medien gehen. Aufschrei der Empörung an der Isar. Stimme aus dem Volk: Ich trinke auch kein Bier aus dem Tetra Pak. Wirt Hagn: Bei etwa 36 000 fehlenden Maßkrügen und 22 Tonnen Glasscherben pro Wiesn wird man als Wirt ja wohl über Plastikkrüge nachdenken dürfen! Schluss mit lustig, der Mann ist erledigt

Siegfriedstraße, Schwabing, die dritte Station: Die Mieten sind hier niedriger als in vergleichbar großen Städten in Russland; für die Einrichtung haben wir uns billige gebrauchte Möbel gekauft, das Wirtschaften ist hier viel einfacher. Auch die Gegend ist sehr schön, wir wohnen am Stadtrand

chinesische Türme in China
chinesische Türme in München

japanische Teehäuser in Japan
japanische Teehäuser in München

Zwiebeltürme in Russland
Zwiebel- und Spitztürme vom griechischen Monopteros aus betrachtet

chinesische Türme in englischen Gärten
japanische Teehäuser in englischen Gärten

wir wohnen am Stadtrand, in der Nähe gibt es einen Park mit viel Grün, die Verbindung zum Zentrum ist dank der elektrischen Straßenbahn vorzüglich

Russische Revolutionäre in englischen Gärten. Partei der Spaziergänger, two make a party: Nadeschda Konstantinowna Krupskaja und Wladimir Iljitsch Uljanow im Englischen Garten. Nadeschda und Wladimir Iljitsch in ihrem Lieblingsrevier. Manchmal liegt Schnee

Ich mag Parks (alle mögen Parks). Selbst mag ich Stadtparks am liebsten. Besonders mag ich Stadtparks, wenn es schneit. Am liebsten sind mir Stadtparks in möglichst großen Städten (am besten kommen Parks natürlich in möglichst großen Städten zur Geltung)

Stadtparks, Schlossparks, Volksparks, Parks

Englische Gärten, Französische Revolutionen. Der Englische Garten als direkt-indirekte Folge der Französischen Revolution. Nobles Geschenk des Hofes an die niederen Stände von München. Sümpfe trockenlegen. Die Sache hat Eile. Nobles Geschenk um aus der irgendwie bedrohlichen Sache ein wenig Dampf herauszunehmen

die gleichen Gebäude
die gleichen Straßen
die gleichen Straßennamen

seine Zeit in München sei seine bei weitem glücklichste gewesen

seine Zeit in Wien, so der abgewiesene Künstler, sei seine bei weitem unglücklichste gewesen

Im Frühjahr 1912 kam ich endgültig nach München. Die Stadt selber war mir so gut bekannt, als ob ich schon seit Jahren in ihren Mauern geweilt hätte. Es lag dies begründet in meinem Studium, das mich auf Schritt und Tritt ja auf diese Metropole der deutschen Kunst hinwies. Man hat nicht nur Deutschland nicht gesehen, wenn man München nicht kennt, nein, man kennt vor allem die deutsche Kunst nicht, wenn man München nicht sah. Jedenfalls war diese Zeit vor dem Kriege, so Hitler in Mein Kampf, die glücklichste und weitaus zufriedenste meines Lebens. Wenn auch mein Verdienst immer noch sehr kärglich war, so lebte ich ja nicht, um malen zu können, sondern malte, um mir dadurch nur die Möglichkeit meines Lebens zu sichern, besser, um mir damit mein weiteres Studium zu gestatten

dürfte Deutschland,
müsste München sein

Revolution!

Mathäser, die Bierburg – zwischen Hauptbahnhof und Stachus. Traditioneller Treffpunkt von lichtscheuem Gesindel

Revolution! Zu den Waffen!

Beendigung der Monarchie
Ausrufung des Freistaats
Installation der Republik
Einführung des Frauenwahlrechts
Einführung des Achtstundentages
(kleine Wohltaten für lichtscheues Gesindel)

später, 1919, als es eng wird:
Gründung der Roten Armee
(Baiern mit republikanischem ai)

Bavarian Soviet Republic

Free State (People's State)
The First Soviet Republic
The Second Soviet Republic
Demise

The Munich Soviet Republic, better Bavarian Soviet Republic was a government established during the November Revolution of 1918 in the German state of Bavaria. Its capital was Munich

Ermordung des ersten Ministerpräsidenten eines Freistaats Baiern direkt vor dem zukünftigen Modegeschäft Helmut Lang

Abb.: Mathäser in der Bayerstraße, Rauch

Die Räte, veritable Sowjets. Matrosen, Literaten, andere. Literaten, Juden, oft beides. Die Räte, in der Stadt sofort Russen genannt. Angriff von reaktionären Weißen und Freicorps auf die Hauptstadt der Republik aus Nordwesten, Westen und Süden. Die Roten verschanzen sich in einer Burg. Ihre Festung ist die berüchtigte Bierburg Mathäser – als ginge es darum, das Proletarische und Volkstümliche ihrer Bewegung zu unterstreichen. Die Roten ernähren sich von flüssigem Brot aus eingelagerten Beständen. Anweisung vom Exekutivkomitee: Um Kampfkraft und Wachsamkeit nicht zu gefährden, ist dem Weißbier Limonade beizumischen. So entsteht ein gefragtes Getränk. Ein Liter dieses Getränks heißt Russenmaß und überlebt die Republik um Jahrzehnte

from Kremlin to Mathaeser, kurzes Kabel aus Moskau

V. I. Lenin
Grußbotschaft an die Bairische Räterepublik

ausgesandt: 27. April 1919
veröffentlicht nach Manuskript

Wir danken für Ihren Gruß und begrüßen unsererseits von ganzem Herzen die Räterepublik in Baiern. Wir bitten Sie sehr, möglichst oft und möglichst konkret mitzuteilen, welche Maßnahmen Sie zum Kampf gegen die bürgerlichen Henker Scheidemann und Co. durchgeführt haben. Haben Sie Arbeiter- und Gesinderäte in den Stadtteilen geschaffen,
– die Arbeiter bewaffnet,
– die Bourgeoisie entwaffnet,
– die Bestände an Kleidung und anderen Erzeugnissen verwendet, um den Arbeitern und besonders den Landarbeitern und Kleinbauern sofortige und umfassende Hilfe zu erteilen, haben Sie
– die Fabriken und die Reichtümer der Kapitalisten in München wie auch die kapitalistischen landwirtschaftlichen Betriebe in seiner Umgebung enteignet,
– die Hypotheken und Pachtzahlungen für die Kleinbauern aufgehoben,
– die Löhne für Landarbeiter und ungelernte Arbeiter verdoppelt oder verdreifacht,
– alles Papier und alle Druckereien zum Druck populärer Flugblätter und Zeitungen für die Massen beschlagnahmt,
– den Sechsstundentag bei gleichzeitiger zwei- oder

dreistündiger Beschäftigung in der Verwaltung des Staates eingeführt,
– den Wohnraum der Bourgeoisie in München beschränkt, um sofort Arbeiter in die Wohnungen der Reichen einzuweisen,
– alle Banken in Ihre Hände genommen,
– Geiseln aus der Bourgeoisie festgesetzt,
– für die Arbeiter größere Lebensmittelrationen als für die Bourgeoisie eingeführt und
– die Arbeiter ausnahmslos sowohl für die Verteidigung als auch für die ideologische Propaganda in den umliegenden Dörfern mobilisiert? Die schnellste und umfassendste Durchführung dieser und ähnlicher Maßnahmen bei eigener Initiative der Arbeiter- und Landarbeiterräte und, gesondert von ihnen, der Kleinbauernräte wird Ihre Stellung festigen. Es ist notwendig, der Bourgeoisie eine außerordentliche Steuer aufzuerlegen und in der Lage der Arbeiter, Landarbeiter und Kleinbauern sofort und um jeden Preis eine faktische Verbesserung herbeizuführen. Die besten Grüße und Wünsche für den Erfolg

Lenin

RED ARMY CRUSHED IN MUNICH BATTLE
Government Troops Pour Into City and Are Hailed by the People
COMMUNIST CHIEFS TAKEN
Murders Are Commited in Reprisal by Soviet Forces After Their Defeat

skeptisches Interesse jenseits des Atlantiks

New York Times sagt: A dispatch from Copenhagen dated Thursday says that the Bavarian capital was taken on Wednesday evening. The dispatch adds that somewhat severe fighting preceded the victory of the Government troops. Another Copenhagen dispatch to The Associated Press says: Bavarian Government troops forced their way into Munich from the north on Thursday evening in the neighborhood of the railway station, according to dispatches received today. The Ministry of War residence and the Wittelbach Palace have been occupied

(soweit ich weiß, hat die Räterepublik in München keinerlei direkte bauliche Spuren hinterlassen)

die gleichen Gebäude
die gleichen Straßen
die gleichen Straßennamen

(dürfte das nachrevolutionäre Deutschland sein)

die glücklichste Zeit

Unaufhaltsamer Aufstieg, innere Logik: von der Schleißheimer über die Thierschstraße zum Prinzregentenplatz. Von der Maxvorstadt über das Lehel nach Bogenhausen. Von gelangweilten münchner Großbürgern hofiert, eingekleidet, durchgefüttert und endlich mit einer herrschaftlichen Wohnung mit repräsentativer Adresse ausgestattet. Dem Proll muss man erst mal Manieren beibringen! Dann wird das schon (dieser Hitler kann was, was andere nicht können)

Fig.: Speaking at the Hofbraeuhaus

Fig.: The Buergerbraukeller, pre-war

Fig.: The Beer Hall Putsch

Die Stadt, in der wir leben. Die notorische Bierstadt, in der wir heute noch leben. Hitlers Verhältnis zu München ist irgendwie seltsam: im Buch der Bücher überschreibt er ein 34-seitiges Kapitel (erster Band, viertes Kapitel) mit München, um darin, nach anfänglichem höchsten Lob, schon auf der zweiten Seite komplett zu seiner Sicht europäischer Politik abzuschweifen und auf den restlichen 32 Seiten des immerhin mit München überschriebenen Kapitels mit keinem Wort je auf die von ihm erklärtermaßen bevorzugte Stadt zurückzukommen (der tiefere Grund seiner Zuneigung bleibt weitgehend im Dunkeln)

Lange dachte ich, Hitler hätte Mein Kampf in Landshut geschrieben. Erst 1977 erfuhr ich, Hitler hat Mein Kampf in Landsberg geschrieben. Erneuter, entschieden-verzweifelter Versuch Mein Kampf komplett zu lesen: Pflichtlektüre, gar keine Frage. Am besten abtippen, am besten von vorne bis hinten

das Bett, in das wir angezogen fallen, das Bett, in dem wir angezogen wegschlafen und in dem wir nachtträge konfuse Nachtträume stakkatohaft wegträumen

an die Tafel!
drei Fehler, setzen!
drei Fehler, wegtreten!
dreimal Mein Kampf abschreiben!

wiederholter Versuch, Mein Kampf zu lesen

setzen, Themaverfehlung!

gebt mir vier Jahre Zeit,
gebt ihm vier Jahre Zeit, um Mein Kampf komplett zu lesen

Abb. (Traumbild): Ausstellung Gebt mir vier Jahre Zeit, Berlin 1937

seltsam,

die gleichen Straßen, ähnliche zumindest
die gleichen Gebäude, zum Teil zumindest
die gleichen Straßennamen, großteils zumindest
das gleiche, teure Pflaster

das gleiche Land, die gleiche Landschaft, der gleiche, starke Wunsch nach dem einen starken Mann in der einen starken Partei

interior of the Asamkirche in Munich, window over the high altar in the Asamkirche

The Asam Brothers (Cosmas Damian Asam and Egid Quirin Asam) were sculptors, workers in stucco, painters, and architects, working mostly together in southern Germany. They are among the most important representatives of the German late Baroque

Abb. (Traumbild): Hitler in der Asamkirche über Potential und tieferen Sinn des Monotheismus nachdenkend

Fig.: The birthplace of Nazism. A GI guards the entrance to the Buergerbraeukeller

Fig.: The interior of the Buergerbraeukeller Munich, June 1945

Englische Gärten, Deutsche Künste. Kunst als Begriff. Kunst als Inbegriff (leicht veränderter Kunstbegriff). Der eigens aus Berlin angereiste Künstler-Kurator schreitet die zur Begutachtung aufgereihten Kunstwerke ab. Das Haus der Deutschen Kunst als südlicher Abschluss des Englischen Gartens. Freier Blick von der großen Terrasse des Hauses der Deutschen Kunst auf den Englischen Garten mit griechischem Tempel. Das war so die intendierte Runde: Ausstellung Entartete Kunst, Galeriegebäude am Hofgarten und dann, Katzensprung, schräg rüber zur Großen Deutschen Kunstausstellung. Schließlich zum geselligen Café auf die große Terrasse. Gedeckte Tische mit Monopteros-Blick. Hat man später wieder zuwachsen lassen

56 Jahre nach Lenins eiliger Abreise aus München ist 40 Jahre nach der Räterevolution, ist fünf Jahre nach Stalins Tod

Anfang des Jahres 1958 findet die schwabinger Künstlergruppe SPUR ihren zukünftigen Gruppennamen buchstäblich auf der Straße. Matschwetter. Abdrücke im Schnee

Vom 17. bis 21. April des darauf folgenden Jahres findet im sogenannten Jägerzimmer der schwabinger Gaststätte Herzogstand die Dritte Konferenz der Situationistischen Internationale statt. Die Gruppe SPUR wird offiziell als deutsche Sektion in die Bewegung aufgenommen

Im Jägerzimmer der Gaststätte Herzogstand trägt der Urbanist, Architekt und Maler Contant (Belgien) den Eröffnungsbericht über Unitären Urbanismus vor. Anschließend Diskussion des Berichts. Heimrad Prem (Gruppe SPUR, München) stellt verschiedene Fragen. In seiner Antwort legt der Maler Asger Jorn (Dänemark) drei Anfangsmöglichkeiten dar, die Konstruktion einer Situation zu betrachten: als einen utopischen Raum; als eine isolierte Umweltumgebung, durch die man hindurchgehen kann; oder als eine Reihe vielfältiger Umweltumgebungen, die mit dem Leben verquickt sind. Protokoll: Alle Teilnehmer weisen die erste Möglichkeit gleich zurück und geben der dritten den Vorzug. Armando (Amsterdam) stellt die Frage der revolutionären Rolle des Proletariats heute

Im Anschluss bittet die italienische Delegation um genauere Angaben über das konkrete Programm von Constants Forschungsbüros für einen unitären Urbanismus und drückt im Anschluss ihre Sorge aus, sich als junge Bewegung besorgniserregend zu spezialisieren

Giors Melanotte (Italien) macht darauf aufmerksam, dass ein gewisses Verhalten – der Begriff des unitären Urbanismus schließt das Verhalten mit ein – dazu führen kann, Situationist zu sein, ohne etwas geschaffen zu haben. Constant, einer der wichtigsten Architekten, die viel geschaffen, aber nie etwas gebaut haben, antwortet, es stehe der Gesamtheit der Situationistischen Internationale zu, Richtlinien für den unitären Urbanismus zu erteilen, gegenüber denen kein Situationist gleichgültig sein kann. Die Aktivität des Forschungsbüros für den Unitären Urbanismus sowie die des Experimentallaboratoriums in Alba (Piemont, Italien – Bau einer permanenten, aber flexiblen Wohnstätte für Zigeuner) hänge von der situationistischen Bewegung ab, nicht etwa umgekehrt

Eröffnung der zweiten Sitzung der Dritten Konferenz der SI in München durch Bericht von HP Zimmer (Gruppe SPUR) über die deutsche Avantgarde seit 1957 (jetzt in Form der Gruppe SPUR der SI angeschlossen). Zimmer fordert das totale, gesellschaftliche, auch politische Aspekte einschließende Kunstwerk, vergleichbar (ausgerechnet) der mit der Wagner'schen Oper verwandten Architektur, die König Ludwig II von Bayern bevorzugt bauen ließ

Guy Debord (Frankreich) begrüßt den durch Zimmers Bericht formulierten Willen zum Extremismus. Er weist jedoch nachdrücklich auf die Notwendigkeit und die Schwierigkeiten seiner konkreten Verwirklichung hin und warnt die deutschen Genossen vor der Einführung künstlicher, anderswo schon abgenutzter Innovationen in ihr Land. Diesen regelmäßigen Mechanismus des Pseudomodernismus zu vereiteln sei gerade die erste Aufgabe einer avantgardistischen internationalen Organisation zu einer Zeit, in der die Kultur nur als Welteinheit betrachtet werden kann

Abb.: Hufeisenförmig zusammengeschobene Tische, Jägerzimmer, Gasthaus Herzogstand, Herzogstraße (München-Schwabing)

warum München seine Ruhe nie wieder finden wird!

Am frühen 21. April wird das Flugblatt Ein kultureller Putsch während ihr schlaft! in München verteilt, während die auswärtigen Situationisten bereits dabei sind, die Stadt wieder zu verlassen

Angekündigt ist eine das Situationistentreffen abschließende Pressekonferenz in der Gaststätte Herzogstand am gleichen Tag. Diese findet nicht statt. München erfährt nicht (nicht hier und nicht heute), warum ihm ab sofort seine Ruhe abhandengekommen sein soll

Fig.: Asger Jorn second from left, with Debord and the Dutch section, at the Munich conference of the SI, 1959

Im August erscheint die erste Ausgabe der Zeitschrift SPUR. Dieter Kunzelmann, der spätere Mitbegründer der Subversiven Aktion sowie der Kommune I, stößt im Spätsommer auf die Gruppe SPUR, als diese in schwabinger Lokalen unterwegs ist, um ihre Zeitschriften und Manifeste zu verteilen

Fig.: The Spurists, the German section of the Situationist International

Februar 1962: Ausschluss der Gruppe SPUR aus der SI

Der Zentralrat der Situationistischen Internationale hat in der Zusammenkunft in Paris am 10. Februar 1962 beschlossen, aus der deutschen Sektion der SI die für die Herausgabe der Zeitschrift SPUR verantwortliche Gruppe auszuschließen (D. Kunzelmann, H. Prem, H. Sturm und HP Zimmer). Es ist bewiesen, dass die fraktionistische Aktivität dieser Gruppe auf einem systematischen Missverständnis der situationistischen Thesen basierte; und dass die Mitglieder dieser Gruppe vollkommen die Disziplin der SI missachtet haben, um als Künstler zu arrivieren

Die Zeitschrift SPUR wird durch eine neue Zeitschrift als Organ der SI in Deutschland ersetzt

Für den Zentralrat: G.-E. Debord, Attila Kotanyi, Uwe Lausen, Raoul Vaneigem

Erforschung der genauen unmittelbaren Wirkungen des geographischen Milieus auf das emotionale Verhalten der Individuen

experimentelle Verhaltensweisen

Dauer einer ununterbrochenen Ausübung dieses Experiments

künstlerische und technische Mittel

zuvor unbekannte Namen wie:
Wolfram Kunkel
Sitka Wunderlich
Rüdiger Herzfeldt
Mauko Erber

Schwabinger Krawalle: es ging um Musik

Die Schwabinger Krawalle als mehr oder weniger apolitischer Vorbote der Studentenbewegung. Mehr weniger als mehr. Berittene Beamte, Schlagstockeinsatz

Abb.: Mit Schlagstöcken von ihren Polizeipferden herunterprügelnde Beamte preschen mitten durch die vollbesetzten Straßencafés an der Leopoldstraße

Frühsommer 1962, 21. Juni folgende. Aufgeheizte Wochenendsituation nach Fronleichnam. Straßenmusiker auf der Leopoldstraße hatten auch nach Ermahnung durch einen anwohnenden Stadtrat nach 22 Uhr 30 nicht zu spielen aufgehört. Der Stadtrat holt die Polizei. Polizeieinsatz. Passanten verteidigen die Musikanten. Mehr Polizei. Mehr Passanten, die Schlacht dauert fünf Tage. Beteiligte: mehrere tausend

erstmals stand der Forderung nach Ruhe, Ordnung und ungehindertem Verkehrsfluss der Anspruch auf freie Nutzung öffentlichen Geländes gegenüber

Fazit: erstmals stand in Europa dem politischen Establishment eine hartnäckige Lebensstil-Revolte gegenüber, die sich für einen hedonistischeren Stil des metropolitanen Lebens engagierte

Es wurde lediglich festgestellt, der Kläger sei gegen 24.00 Uhr an der Ecke Leopoldstraße/Franz-Joseph-Straße von Polizeibeamten mit Hiebwaffen geschlagen worden, dazu ist Folgendes zu bemerken: Durch die Menschenansammlung auf der Leopoldstraße wurde anderen Bürgern die bestimmungsgemäße Benutzung der Straße unmöglich gemacht. Dadurch und durch die vom Berufungsgericht festgestellte Störung der Nachtruhe der Anwohner und Beschädigung von Kraftfahrzeugen auf der Straße wurde die öffentliche Sicherheit und Ordnung gestört. Dass die Polizei hiergegen einschreiten durfte, kann keinem Zweifel unterliegen. Die Tatsache, dass sie zur Erfüllung ihrer gesetzlichen Aufgabe körperliche Gewalt gegen Personen angewendet und sich dabei dienstlich zugelassener Waffen und etwaiger sonstiger Hilfsmittel wie z.B. Wasserwerfer bedient hat, besagt nicht, dass ihr Einschreiten gegenüber dem Kläger rechtswidrig gewesen wäre. Solche Maßnahmen sind an sich legale Mittel der Polizei

das Herbeiführen von Situationen, Fallbeispiel München-Schwabing (Bundesrepublik Deutschland)

Die weiteren Feststellungen des Berufungsgerichts können unter Umständen ergeben, dass der Kläger der Platzverweisung dadurch nachzukommen versuchte, dass er sich mit seiner Frau in den Flur eines nahestehenden Hauses begab. Sollte dies der Fall gewesen sein, so würde sich die Frage stellen, ob er dadurch noch die öffentliche Ordnung störte und von der Polizei – durch Anwendung unmittelbaren Zwanges – zur Rückkehr auf die Leopoldstraße veranlasst werden durfte, wo dann nach den Feststellungen des Berufungsgerichts unmittelbarer Zwang gegen ihn angewendet wurde, damit er diese Straße wieder verließ

Beschluss

Der Wert des Streitgegenstandes wird für das Revisionsverfahren auf 3 000 DM festgesetzt

(soweit ich weiß, haben die Schwabinger Krawalle in München keinerlei bauliche Spuren hinterlassen)

Über eine aktive Beteiligung sowohl der Gruppe SPUR als auch der sich bald konstituierenden Subversiven Aktion an den Schwabinger Krawallen im Juni 1962 ist nichts bekannt. Die Architektur der Gruppe: fragil. Kunzelmann verlässt die Gruppe SPUR nach ideologischen Differenzen. Kunzelmann formt sich seine neue Gruppe selbst. 1963 gründet der gebürtige Franke die Subversive Aktion. Die neue Zentrale der Subversion ist ein schwabinger Keller

Das Kollektiv als Behauptung. Das Kollektiv endlich als gemeinsamer Autor. Die Gruppenarbeit SPUR-Bau entsteht 1963 für die Troisième Biennale de Paris, zu der die Gruppenmitglieder gemeinsam eingeladen sind. Ein utopisch wirkendes Architekturmodell in Mischtechnik, Terracotta, Pappe, Draht, Farbe, im behaupteten Maßstab 1:87. Die Modellhöhe von 70 cm lässt auf ein über 60 Meter hohes Gebäude schließen, das die Gruppe laut Modellerläuterung als durchaus realisierbar ansieht. Auch nach der Trennung von der SI: Der multifunktionale, dynamisch geformte, nach oben breiter werdende Turm bleibt von situationistischen Architekturideen geprägt. Was heute banal klingt, war es möglicherweise nicht immer: der Gebäudekomplex soll vor allem ein großes Kulturzentrum aufnehmen mit Theater- und Konzertsaal, Bibliothek, Kino, Galerie, Skulpturengarten, mit Restaurants und Bars. Um den von mehreren schirmförmigen Hoteltürmen flankierten Zentralbau winden sich unten Straßen, weiter oben schließlich Wege in die Höhe

Fig.: The SPUR-Bau

Was ist aus Gretel Stadler eigentlich geworden? (Bei der Architektur der Gruppe spielen Frauen keine große Rolle)

Kanonenofen
offen verlegte Abflussrohre
dicht gehängter Wandschmuck
Matratzenlager
Perser
Waschbecken
Manuskriptstapel, Bücherregal
Roth-Händle-Schachtel

Subversive Aktion, München-Schwabing. Dieter Kunzelmanns schwabinger Keller, kurz Kunzelmann-Keller

Am 15. September 1964 besucht der Quick-Fotograf Ernst Grasser mit seiner Kamera in investigativem Auftrag den inzwischen landesweit berüchtigten Kunzelmann-Keller. Abstieg von Straßenniveau hinunter ins Souterrain. Von links nach rechts: Dieter Kunzelmann, Frank Böckelmann, Marion Steffel-Stergar. Subversive Aktion: der Sinn der Organisation (Selbstauskunft) sei ihr Scheitern (warum eigentlich?)

irdisch/überirdisches München
unterirdisches Schwabing

These/Antithese: Wenn auch Ihnen das Missverhältnis von Analyse und Aktion unerträglich ist, schreiben Sie unter Kennwort ANTITHESE an 8 München 23, postlagernd

was ist wohl aus Marion Steffel-Stergar, Birgit Daiber und Sabine Goede geworden? Unverbindliche Richtlinien 1: von der zärtlichen Liebe nimmt die Kohorte ihren Ausgang, in ihr vollendet sie sich

Subversive Aktion, München-Schwabing, November 1966: Notizen zur Gründung revolutionärer Kommunen in den Metropolen

rustikale Orte wie Kochel und Bad Wiessee: spektakuläre, vorbereitende Konzile und Zusammentreffen an oberbayerischen Seen, die landesweite Gründung revolutionärer Kommunen betreffend

Deutschland, Sechzigerjahre des letzten Jahrtausends: die Verlagerung von Fragen der sichtbar gebauten Architektur auf Fragen der Innenarchitektur und -politik von gruppendynamischen Prozessen

Sechzigerjahre des letzten Jahrtausends: K1, K2. Als man die Kommunen des Landes noch an zwei Fingern einer Hand abzählen konnte. Als Wohngemeinschaften Kommunen hießen. Als Wohngemeinschaften mehr als bloße Zweckgemeinschaften waren. Als selbst bloße Wohngemeinschaften grundsätzlich ein Politikum waren

Frauen als Tippsen in revolutionären Kellern, Männer als Urheber seltsamer Filme

Situationen und Konstellationen, die heute eine nicht mal mehr erwähnenswerte Selbstverständlichkeit haben, müssen diese Selbstverständlichkeit nicht schon immer gehabt haben. Möglicherweise gingen ihrer Durchsetzung erst heute kurios wirkende Kontroversen voraus

1969: Rote Sonne, Film von Rudolf Thome. Vier Frauen wohnen zusammen in einer Altbauwohnung in Mjunik. Interne Regel der Frauen-WG: bevor sie diese töten, dürfen die Frauen über in die Wohnung mitgebrachte Männer höchstens fünf Tage frei verfügen

um 1969: Brigitte Mohnhaupt stößt zur Studenten- und Kommuneszene in München (Gemeinschaftswohnung mit Irmgard Möller und Rolf Heißler)

Abb. 12: Mit diesem kleinen Lytax-Gerät schnitt Leni Riefenstahl in 18 Monaten Arbeitszeit 400000 Meter Filmmaterial für den Olympiafilm (1937 Goldmedaille von Paris, 1938 erster Preis von Venedig als bester Film der Welt, 1939 Olympisches Diplom des IOC)

Abb. 13: Kriegstrauung Riefenstahl mit Major Peter Jacob, 1944

demographische Verschiebungen
Staatengründungen
Marshallpläne
Wirtschaftswunder

Es hatte Probleme gegeben, die dazu führten, dass der olympische Spaß 1940 folgende ins Wasser fiel. Komplikationen, die dazu führten, dass Olympische Spiele in Deutschland erst wieder 1972 stattfinden konnten

Das Ende der Sechziger als Anfang der Siebziger: Mjunik als Großbaustelle. Vater kommt immer noch später nach Hause. Vater als Bauleiter bei olympiawichtigen Bauten. Bau eines innerstädtischen Schnellbahnsystems. Tiefgeschosse Stachus und Stammstrecke S-Bahn. Nirgendwo wird so schnell so viel gebaut. Alles auf der Höhe der Zeit. Keine drei Jahrzehnte nach Kriegsende gilt es, einen ruinierten Ruf zu korrigieren

BMW für Bayerische Motorenwerke
PLO für Palestinean Liberation Organisation

Der Ring. Fast wie beim SPUR-Bau: verschlungene Verkehrsführung auf mehreren Etagen. Der mittlere Ring westlich des BMW-Hochhauses. Symbolische Architektur in Motortown Munich. Die Firmenzentrale als Vierzylinder. Blick von der Olympiahalle auf den Vierzylinder. Blick vom Vierzylinder auf die Zentralen Olympischen Bauten. Elegant und futuristisch wie am ersten Tag

Die zweite Moderne als unschuldiger Vorgänger der Postmoderne. Die zweite Moderne als Vorläufer einer dritten Moderne. Professor Frei Otto, bekannt für die Entwürfe von Großhüllen zur Überdachung von Städten in der Antarktis, der Sahara und im All, tritt auch in Mitteleuropa auf den Plan. Was im All und in Polargebieten gut aussieht, wird sich in Mjunik genauso gut machen. Seilnetzdächer, Damenstrumpfmodell. Otl Aichers Piktogramme und Hans Holleins Medienlinie im olympischen Dorf als progressive Mittel der Orientierung. Otl Aichers Farbkonzept. Walter De Marias Munich Earthroom in einer schwabinger Galerie als Ersatz für die nicht verwirklichte Großinstallation im Schuttberg. Heizers Munich Depression als hinplanierte Senke draußen im neu entstehenden Statellitenstadtteil Neuperlach

die ganze Aicher-Palette (variabel): hellorange (mittelbreiter Streifen), orange (sehr schmaler Streifen), hellgrün (schmaler Streifen), dunkelgrün (breiter Streifen), helles Blau (sehr breiter Streifen)

Dann das Farbkonzept der Olympialinie. U-Bahnhöfe als ausgefeilte Konzeptkunst. Mjunik hat der Olympiade fast alles zu verdanken. Nie wieder war Mjunik so modern und international wie um zweiundsiebzig. Mjunik als Inbegriff der Siebziger. Schwabing bekommt noch seinen zweiten Auftritt. Andere Baustelle, gleich nebenan: die Disko-Moderne. Musicland-Studio im Arabella-Hochhaus. Arabeske Fassade

Anzeige

Eternit ist dabei! Ob unter dem Stachus, unter der Theresienwiese, in Münchens U-Bahnhöfen oder bei den Olympia-Bauten auf dem Oberwiesenfeld – überall im Hoch- und Tiefbau:

ETERNIT-Dächer
ETERNIT-Fassaden
ETERNIT im Technischen Ausbau
ETERNIT-Rohre

ETERNIT Baustoff für die Zukunft

Beispiel: Olympisches Dorf München
Außenwandverkleidungen mit großflächigen WEISS-ETERNIT-Tafeln. Gesamte Hausentwässerung mit ETERNIT-Abflussröhren. Leitungen der Lüftungsanlagen mit ETERNIT-Kanalrohren und ETERNIT-Lüftungsrohren (eine der größten unterirdischen Entlüftungsanlagen der Welt für Wohngebäude)

Eternit Aktiengesellschaft Berlin

Munich Depression. Das wichtigste Ereignis im Achtzigerjahre-München: die sogenannte Blumenolympiade (IGA) im späteren Westparkgelände. Das gefeiertste Ereignis im nacholympischen München: der Abriss von Justus Dahindens futuristischem Pop-Kaufhaus Schwabylon. Das nacholympische München hat die Moderne nicht mehr gewollt. München war von der Moderne mal wieder total überfordert. Immobilienboom in München: Banken und Versicherungen suchen händeringend Baugrund

Mjunik heißt vorerst wieder München

Burdas Bunte begeistert: Olympiahostess Sylvia wird Königin von Schweden

Baustelle München, länger angekündigter Ausflug. Wir fahren in die Stadt. Ankündigung: Mit Herrn Feuereisen fahren wir in eine Stadt in der Stadt. Mutter war skeptisch. Als Bauingenieure betrachteten Vater und Kollege Feuereisen Justus Dahindens futuristischen Bau von der technischen Seite

Leopoldstraße 202 (eine Hausnummer für die Stadt in der Stadt reicht). Vor uns steht die aztekisch spitzenlose, knallbunte Poppyramide Schwabylon. Deutschlands seit 1973 hipstes Bauwerk

Souverän führt Alexander Stolzenberg über Rollrampen und Rampenstraßen durch das fenster- und treppenlose Gebäude. Schwarz gestrichene Innenwände und rote Einbauten sorgen für eine intime, artifizielle Höhlenatmosphäre. Die Eis-Arena (Betreiber: der Schnelle Manfred, Betreiber ist Deutschlands schnellster Eiskunstläufer Manfred Schnelldorfer), das Schwimmbad mit Saunalandschaft und Fitness-Club, das Kino, die Spielhalle, das Ärztezentrum mit Apotheke, all die Boutiquen, der Nachtklub Yellow Submarine inklusive

Aquarium mit Panzerglasscheiben, hinter dem lebende Haifische ihre nervösen Bahnen ziehen. Alexander Stolzenberg erklärt: Sämtliche Räume sind miteinander verbunden, alles ist offen, alles geht ineinander über. Die fließende Architektur des Schweizer Architekten Justus Dahinden soll Kontakte und Kommunikation unter den Besuchern fördern

Der Marktplatz. Die Agora mit mobiler Tribüne. Der Wasserteich im Innenhof. This is Mjunik, this is Pop: der Innenhof mit Biergarten unter original lebenden Kastanien und Buchen, während der Bauzeit aufwändig erhalten, jetzt von einem riesenhaften Blumentopf gefasst und von einer Sprinkleranlage wohldosiert bewässert

Dem Stadtmenschen Möglichkeiten zur sinnvollen Nutzung der Errungenschaft Freizeit direkt ins Existenzgebiet bringen! Alexander Stolzenberg erläutert die Erkenntnis dahinter: Man geht davon aus, dass der Städter schon in wenigen Jahrzehnten über eine ungebundene Zeit verfügen wird, die mehr als die Hälfte seines Tages ausmacht

Stadt in der Stadt. In der Leopoldstraße 202 wartet ein Angebot so bunt wie die Fassade. Ansage Stolzenberg: Es gibt hier alles, was einem eine normale Stadt bietet, nur viel aufregender, moderner. Ist man am Ende der Leopoldstraße angekommen, braucht man in dieser Stadt in der Stadt kein öffentliches Verkehrsmittel mehr, kein Fahrrad, kein Auto. Die Metastadt Schwabylon macht München Konkurrenz

Herr Feuereisen ist beeindruckt. Vater ist beeindruckt. Der Teenager in ihrer Begleitung ist nachhaltig beeindruckt. Mutter bleibt skeptisch. Herzlichen Dank an Herrn Stolzenberg

Abb.: Die Sonnenpyramide bei Regen. Die Farbigkeit der Autos davor. Der zugehörige Nachtklub Yellow Submarine gleich daneben

Zur Sonne, zur Freiheit. Lenin im Schwabylon, bloß so eine Idee, Lenin in der rot-leuchtend konstruktivistischen münchner Parteizentrale. Hoher Besuch aus Moskau. In Laufnähe von seiner letzten hiesigen Wohnung beim Bonner Platz gleich um die Ecke. 5000 Quadratmeter emaillierte Metallplatten. Rot als bevorzugte Fassadenfarbe des bedrohlichen Panzerkreuzers Schwabylon. Münchner zur Sonne, zur Freiheit. Aufgehende Sonne auf rotem Grund als spektakuläres Markenzeichen und futuristisch-optimistische Fassade. Es schien, sagt Alex in der post-utopischen Jetztzeit, als sollten ihre Strahlen den Anfang eines goldenen Zeitalters symbolisieren

das Schwabylon als Kommandozentrale der Bayerischen Räterepublik (bloß so eine Idee)

Angriff verschiedener Freikorpsverbände auf die burgartige Rätezentrale in der Leopoldstraße

Nieder mit dem Panzerkreuzer!
Nieder mit Lenins Popmausoleum!

Angriff auf den Panzerkreuzer!
Stürmt Lenins Popmausoleum!

schon bald ist in denunziatorischen Zeitungsartikeln von einem Panzerkreuzer, bald ist von einem Popmausoleum die Rede

das ganze futuristische Gebäude da draußen im proletarischen Norden der Stadt wird als absolut unmünchnerisch, möglicherweise sogar als russisch empfunden

Dann geht es Schlag auf Schlag. Ölkrise. Ende des utopistischen Zeitalters. Mjuniks modernistischer Aufbruch im Zusammenhang mit der Olympiabegeisterung ist mit dem Ende der Olympiade und dem vorzeitigen Ende des Wirtschaftswunders schlagartig vorbei. Anfang 1974, nur Monate nach der Eröffnung, steht der halbe Bau bereits leer

Zeitungsberichte über Morde
Zeitungsberichte über Selbstmorde
Zeitungsberichte über Kuppelei- und Rauschgiftdelikte im Umfeld des Schwabylons

und dann der definitive Todesstoß: die Derrick-Folge Ein Koffer aus Salzburg (1975) mit einer im Schwabylon gedrehten Schlüsselszene schockiert ein Millionenpublikum

Broadway, der an einem militärischen Sperrgebiet endet. Schwerer kalter Pazifik-Nebel zieht den Broadway herauf. Die Gastgeber verschwinden im Nebel. Glen und Alexas Haus verschwindet im Nebel. Die Siedlung schwimmt seitlich weg. Die anglikanische Kirche. Der Autoverkaufsstand. Der Pazifik schlägt seine Verdunstungskälte als Mikrotropfen ab. Abfahrt Seaside/Sand City. Aufbruch Richtung Süden. Stadt der Engel, Tagesziel oder Fernziel? Ein amerikanischer Katzensprung, aber weit

die Küste (kein Kommentar)
die Landschaft (führt hier zu weit)
die Küstenlandschaft (kein Kommentar)
die Küstenstraße (Ingenieurskunststück in abseitigem Gelände)
Bixby Creek Bridge (1937, beliebtes Fotomotiv in abseitigem Gelände)
der Nebel (macht die raren Auftritte der Sonne umso spektakulärer)

Kaum zu fassen, wie dünn besiedelt diese Wahnsinnsgegend hier ist. Herrn Henry Miller wird genauso gedacht wie eines hier ansässigen Architekten Mickey Munich. Der Strand der Boys

Gesperrte Straße zum Hearst Castle. Weiter!

Der goldene Staat. Orangenland, das schon im Frühsommer auf weiten Strecken braun ist. Umso grüner die Ebenen. Riesige bewässerte Gemüseplantagen stillen den großen Appetit einer großen Ansiedlung im relativ nahen Süden

Häuser und Häuschen im County San Luis Obispo. Rolf Wütherich und James Dean kommen in Deans silbernem Porsche entgegen. Ein Lufthauch

Camp San Luis Obispo, National Guard Reserve Center and training ground. Zwei Übungsdörfer im weitläufigen Sperrgebiet

Irgendwo hier im allerweitläufigsten Niemandsland das zur Zeit meistens verlassene Neverland (Glen weiß auch, wo John Lee Hooker wohnt). Santa Barbara: ab hier wird gebadet (nicht jetzt, aber wohl doch in ein paar Wochen). Ab hier kaum mehr Nebel. Der Pazifik reduziert langsam seinen unentgeltlichen Kühlservice sichtbar

Zunehmender Verkehr. Gebirgige Gegend. Irgendwo hier muss ein Nest sein. Immer breiter werdende, immer mehr sich verzweigende Freeways: Anfahrt Los Angeles durch Porno Valley, Anfahrt Los Angeles durchs komplett überbaute San Fernando Valley. Flach gehaltenes Gelände. Greater Los Angeles. Ist Tarzana nach Tarzan benannt oder Tarzan nach Tarzana? (An Charles Mansons Spahn Ranch links vorbeigefahren, ohne von der direkten Nähe zu wissen oder sie irgendwie zu ahnen). Wo fängt Tarzana an, und wo hört es endlich auf? Greater LA – one big neighborhood. Eine riesige, innige Familie von Einfamilienhäusern

The Valley: seltsames Sammelbecken für die Disney-Prüderie von Burbank und die Porno-Industrie in Chatsworth schräg gegenüber

Los Angeles – Ein in Burbank mit Ziel New York gestarteter Airbus der US-Fluggesellschaft Jet Blue mit 139 Passagieren ist am Mittwochabend in Los Angeles trotz defektem Bugrad sicher notgelandet. Das Rad ging in Flammen auf, bevor die A320 zum Stillstand kam. US-Fernsehsender hatten das dramatische Aufsetzen live übertragen. Flugexperten diskutierten in Nachrichtensendungen mögliche Gefahren der Notlandung, während die Maschine über Los Angeles kreiste und Feuerwehrleute und Sanitäter sich am gesperrten Flugfeld auf den touch down vorbereiteten. Die Passagiere des Fluges waren bis eine halbe Stunde vor der Landung über die verschiedenen Katastrophenszenarien gut informiert – Jet Blue übertrug die Nachrichtensendungen direkt in die Kabine

Engstelle zwischen den Vorbergen, Engstelle, die North Hollywood und das San-Fernando-Tal von Hollywood und vom am Pazifik gelegenen smaller Los Angeles trennt. Gebündelte Freeways, Richtungsschilderwald. Anfahrt und allmähliches Einfädeln durch die Einkerbung zwischen den irgendwie immer vor sich hin rauchenden Hollywood Hills und dem Mount Lee

dann tut sich der Vorhang auf: Los Angeles in der Gestalt von Hollywood, leicht schiefe Ebene bis hin zum kurz sichtbaren Pazifik

eintreten aus dem etwas schäbigen Foyer in den prunkvollen Kinosaal, könnte man etwas abgedroschen sagen, könnte man etwas abgedroschen weiterdreschend meinen

das Dorf

El Pueblo de Nuestra Señora la Reina de los Ángeles del Río de Porciúncula

Das Dorf unserer Lieben Frau, Königin der Engel des Flusses Porciúncula

kurz: Los Angeles

kürzer: LA

Psychodrama City, Lost Angeles, City of the Fallen Angels, Lala Land und was einem sonst noch so alles zum Thema einfällt

abgefilmteste Gegend weltweit

Hunger
müde
steif

Downtown Beirut, was sage ich, ohne Beirut zu beleidigen? Downtown Gaza? H-O-L-L-Y-W-O-O-D: Parkplätze gibt es genug, jeder zweite Block ist ein Parkplatz. Kostet was, aber man ist mitten im Zentrum. Zentrum? Näher gehts nicht!

gibt es hier ein Café, die Reisenden haben eine lange Fahrt hinter sich, ich meine, so ein Café, wo man draußen sitzen kann?

gibt es hier auch nur irgendeinen Laden in zentralerer Lage, der einen irgendwie interessiert?

immerhin sind in diesen Straßen Tausende von tollen Platten aufgenommen worden

interessiert keinen?

Klar, am Rand des jetzigen Stadtteils entstanden anfangs auch Filme: als Hollywood noch 13 Kilometer von LA entfernt war. Erste Studios in Pferdeställen, besseres Licht und länger hell als im fernen New York – und weniger zentralistische Kontrolle. Allein mehr als 50 Hollywood-Produktionen über Kleopatra, das muss man sich mal vorstellen!

Das Kodak Theatre und andere Kodak Points. Kodak points show you, from where you can't fail to take superb pictures

Weg des Ruhms. Weg der Berühmtheit. Wie heißt diese Walk-of-Fame-Straße gleich nochmal? Hollywood Boulevard heißt die. Könnte man ja denken, dass es dort vielleicht ein Café gibt, wo man sich draußen hinsetzen und den ganzen fame der letzten Dekaden an sich vorbeiwehen lassen kann. Muss ja nix Besonderes sein. Kann auch take-away mit Hinsetzen sein. Das hier sind immerhin zwei der berühmtesten Bürgersteige der Welt, vermutlich sogar die allerberühmtesten Bürgersteige aller Zeiten und Welten, die elysäischen Felder ein kleiner Dreck dagegen, ein kleiner

Donald Trump, Kermit the Frog, Mötley Crüe, jeder Stern eingefügt in altrosa Terrazzo

Jimmy Giuffre, John Tejada, Larry Mizell? Martin Denny, Joni Mitchell, Chet Baker??

wo hier in welchen Studios?
Capitol and elsewhere

Vom vorletzten Erdbeben angeknackste Gebäude mit vernagelten Fenstern, dann zwei Grundstücke lang nix, dann wieder Parkplatz. Dachte auch treudoof, hier steht irgendwie ein Kino am andern

Walk of Fame
Walk of geschlossene Kinos
Walk of seit Jahrzehnten einsturzgefährdeten Gebäuden, die vernagelt auf die Ewigkeit warten

Walk of schon in der ersten Nebenstraße nur mehr einstöckigen Bauten

und dann, hey, doch zwei halbhohe Gebäude, die aus einer Straßenkreuzung mit einiger Fantasie sowas wie einen Platz entstehen lassen – das eine das Headquarter von Scientology, das andere auch mit dem Scientology-Schriftzug geschmückt

Walk of Scientology: hatten wir fast schon vergessen, wer hier regiert, kein Konzern, keine Institution ist hier im Straßenbild so präsent wie die Sekte des Science-Fiction-Autors L. Ron Hubbard

Hollywood – der Stechpalmenwald

Amerikanische, kalifornische Filme spielen in der Regel in: Kalifornien, USA. Erstaunlich, fragt man sich im Gehen und Stehen, wie es ausgerechnet das abgefuckte Hollywood schafft, ein universal verbindliches und noch dazu glamouröses Weltbild über den Rest des Globus zu verbreiten

Fame und Glamour haben sich aus der Öffentlichkeit in die Privatstraßen in den Hollywood Hills verzogen, verschanzt und vergraben

Endlich, trotzdem, tröstlich: in einer Querstraße, das tolle Capitol-Hochhaus. Capitol Records, die erste Plattenfirma an der Westküste. Das erste runde Hochhaus der Welt. Symbolische Architektur, Zeit der Plattenwechsler: das Nachkriegsgebäude sollte einen Stapel Singles auf einem Plattenspieler verkörpern. Der weiße Zylinder kommt mir von einigen Einheits-Single-Covern des kalifornischen Labels tatsächlich seltsam vertraut vor. Sieht immer noch sehr elegant aus. Supereinsamer Solitär. Aufgelockert weiße Fassade, die die Label-Angestellten mit ausgestellten Blenden vor direkter Sonneneinstrahlung schützt. Hoch ist relativ: das einzig Elegante an der Unterstadt von Hollywood ist das Capitol-Hochhaus. Es hält dauernd Kontakt mit dem weit bekannteren Hollywood-Schriftzug, Ex-Immobilien-Werbung am Mount Lee. Ein blinkendes Licht auf der Spitze des Capitol-Turmes schreibt im Morsecode unablässlich das Wort Hollywood in den Himmel

l-l-y-w-o-o-d-h-o-l-l-y-w-o (interessiert keine Sau)

Smaller Los Angeles, die Riesenstadt als Riesendorf der Angelinos, erklärtes Planungsziel: the city in the green

Abb.: Paradiesvogelblume, die offizielle Blume von LA

Los Angeles samt Los Angeles County am ausgetrockneten Fluss Angeles gelegen, sich bis zum Pazifik hin erstreckend. Die horizontale Stadt, in der bis 1958 außer dem erdbebensicher gebauten Rathaus keine Hochhäuser gebaut werden durften

wo Sus recht hat, hat sie eindeutig recht: immer nur in Imbisse und Diners, vor denen viele Latinos rumstehen

immer nur in Imbisse und Diners in den sogenannten schlechteren Vierteln, dort ist das schnelle Essen eindeutig besser – mehr mex als tex

hier: die Stadt mit der größten Fahrzeugdichte der Welt, ein Fuhrpark, der über bis zu 15 Spuren breite Stadtautobahnen auf die einzelnen Subzentren verteilt wird

hier ist er: weltgrößter Standort für die Flugzeug- und Raumfahrtindustrie, die letztlich wie zufällig immer Rüstungsindustrie ist

wer Bus fährt, hat es bitter nötig und kann warten

(das Foto des Sonnenuntergangs über dem Santa-Monica-Freeway, das ich als Kind ausgeschnitten habe)

der kühle Pazifik sorgt für eine gewisse Abkühlung des chronisch überhitzten Kessels, der auch hier unten noch relativ kühle Pazifik als riesige Klimaanlage (Geschenk der Regierung, Geschenk des Gouverneurs)

Südlich des Broadway/nördlich des Broadway: macht einen Unterschied. Zehn Meter machen einen gravierenden Unterschied. Seltsame Apartheid der Gebäudetypen, die nicht von ungefähr kommt. Seltsame Apartheid der Passanten, die sich allenfalls noch auf den zehn Metern Straße vermischen. Imbiss in der Markthalle. Imbiss in einer Markthalle, die am westlichen Bürgersteig irgendwie noch übriggeblieben ist

Bunker Hill, der zentrale Hochhausdistrikt, direkt nebenan. Kameraüberwachter Leuchtturm des sonst eher flachen Stadtbreis. CBD für Central Business District

östlich: East LA, die Remexikanisierung Kaliforniens als demographischer Prozess, die Remexikanisierung der ehemaligen mexikanischen Provinz als heißes Thema im bervorstehenden Wahlkampf

südlich: South Central und Watts als Teil davon, afroamerican America – die Häuschen werden kleiner

südlich: South Central – es hatte Probleme gegeben. Problemlösung: Umbenennung des Stadtteils in South Los Angeles

Our helicopter whirled in a tight circle over Florence and Normandie in South Central Los Angeles. Pilot Mike Smith kept the ship at an almost constant bank. I was in the left seat next to the pilot and had a clear view of the rampaging clutter on the street below. Cameraman Martin Clancey, strapped in a shoulder harness, was hanging out of the helicopter. He had opened the left side door, placed his mini-cam on his shoulder and was recording the helter-skelter action. This was the early evening of April 29, 1992. The Los Angeles Riots were erupting below us. We had begun to get reports of scattered violence shortly after we had watched on television the barbaric video tape of motorists being ripped out of their cars, hammered, pounded and chased by rock-throwing men on the

Fig.: Ed Ruscha, Los Angeles County Museum on Fire, Oil on canvas, 1965-68

Fig.: Ed Ruscha, LA, Gunpowder and pastel on paper, 1970

Fig.: Ed Ruscha, I Think There is Something Dangerous Going on Here, Gunpowder and pastel on paper, 1976

Die Watts Towers, inoffizielles Einwanderermonument, 17teilig, bis zu 30 Meter hoch – die höchsten Öltürme von allen. Sabato Rodia hat über 30 Jahre dran gebastelt (Schuchow mal Gaudí macht Rodia)

Fahrt vom Parkplatz herunter. Fahrt aus der Unterstadt heraus. Fahrt aus dem Zentrum Richtung Venice und Santa Monica. Weiterfahrt Richtung Pazifik. Felix am gemieteten Steuer. Weiterfahrt mutwillig nicht auf dem vielspurig durch die Wohnviertel gebrochenen Santa-Monica-Freeway, sondern durch eine zufällig sich anbietende, x-beliebige, ost-westlich verlaufende Straße. Häuschen, Häuschen, Häuschen. Duckburg! Vorgartenhäuschen an palmenbestandenen Wohnstraßen. Wohnstraßen mit Palmen und Vorgartenhäuschen. Entenhausen! Hier bin ich aufgewachsen! Wie heißt Entenhausen auf Englisch? Wie heißt Los Angeles auf Deutsch?

Rechts ein kleiner Park mit der Emil-Erpel-Statue. (Wie heißt Emil Erpel auf Englisch?) Links ein vereinsamt freistehendes, höheres, fensterloses Gebäude auf einem sanften Hügel – wird wohl der legendäre Geldspeicher sein. Felix war mehr auf Tin Tin. Susi und Felix waren mehr auf Französisch. Susi und Felix: echte Frankreich-Spezialisten. Weiter! Weitere Häuschen. Kilometer. Meilen. Ein Dutzend Meilen. Nichts ändert sich. Weitere Meilen. Dann plötzlich Ende. Parkplatz. Trimmgeräte. Sand. Pazifik. Hawaii (wegen Erdkrümmung nicht sichtbar). Kleine Häuschen bis in die erste Reihe – hat was Demokratisches. Hat was. Aber schön oder irgendwie aufregend ist es nicht. Venice. Venice Beach. Das amerikanische Venedig. Die nach Amerika projizierte Vorstellung von irgendwie Venedig. Das ins Nirwana hineinprojizierte Venedig. Gebäude plus Kanäle plus Meer ist gleich Venedig. Santa Monica dann ein bisschen mehr Ligurien. 200 Meter Côte d'Azur. 1000 Meter etwas höhere Gebäude. Dann auch das wieder vorbei. Hinter den Palisaden: Ray Eames nicht zu Hause. Charles Eames nicht zu Hause. National heritage. Vermute ich mal. Weltkulturerbe. Sonst würde das leere Haus nicht mehr stehen

Abb.: LA, palm-lined streets are well-kown features of the city

Firmen wie General Motors, Standard Oil, Greyhound und Firestone: the US Street Car Conspiracy. Firmen des öffentlichen Nahverkehrs aufkaufen und anschließend pleitegehen lassen

Fig.: Californias First Palm Tree, planted 1769

Kalifornien ohne Palmen klingt wie Amerika ohne Pferde. Von einer kolorierten Postkarte wissen wir, dass es in Kalifornien nicht schon immer Palmen gab. Erste Pferde kamen mit den Spaniern auf den amerikanischen Kontinent. In den Ställen Hollywoods mussten sie später ersten Filmstudios Platz machen (Western-Dreharbeiten auch auf der Spahn Movie Ranch bei Chatsworth)

Bel Air, gute Luft am Fuß der Santa-Monica-Berge. Küstenvorgebirge, gute Luft seitlich vom Pazifik. Erhabene Stadtteile, die erhaben über dem Unterstadt-Smog schweben. Canyons in den Santa-Monica-Bergen. Topanga Canyon. Laurel Canyon. Ladies of the Canyon. Uschi: late lady of Topanga. Joni: lady of both canyons. Young Joni went to the city of the fallen angels. The girl from Saskatoon, Saskatchewan. Joni and Neil: familiar talks about a Canadian past. Joni und David. Neil und Charles (everyone knew him): one big family. Unser aller Lieblingsfamily: die Manson Family. Ihr Revier: die Santa-Monica-Berge samt der Hollywood Hills, samt Benedict Canyon

Fig.: Roman Polanski at PIG-door

Fig.: Psychic Peter Hurkos at scene of the murder

etwas geht zu Ende:
69 – das Jahr der Family
69 – das Jahr von Charles Manson
69 – das Altamont-Jahr

The Crime Scene: According to Reuters news service report the house at 10050 Cielo Drive, rented by Roman Polanski and Sharon Tate at the time of the murders, was demolished in 1994. A huge Italian-style mansion has been erected in its place and the street address has been changed. The new mansion was originally priced at $ 12.5 million in an attempt to cash in on the location's notoriety but no sale was made. Recently, the price was reduced to $ 7.7 million but the house still remains vacant (real estate agents in the area believe that it will probably stay vacant as most agencies refuse to list it)

Spahn Ranch, the original headquarter of the Manson Family is also on the market. The 43-acre property at Chatsworth, minus the ranch house, which burnt down some time ago, is selling for $ 2.7 million

Büro für Architektur, Städtebau, Design, Musik und den persuit of happiness

in den Hügeln Hollywoods: deutsche Jungarchitekten bauen Villa für Brad Pitt

Abb.: Die Stahl-Nasszelle (links) ist der Sanitäreinrichtung aus dem Todestrakt von US-Gefängnissen nachempfunden. Die Wanne (Mitte) setzte wohl Jennifer Aniston durch

So hip it hurts. Graft (Los Angeles, Berlin, Peking) seien Kakophonie, Graft seien eine Hippie-Kommune, mehr Rockband als Architekturbüro

urban sex
local sex
urban local sex

welcher europäische Architekt hat Drehbücher für Russ Meyer geschrieben?

sexy architecture klingt gut

welcher kalifornische Regisseur hat Drehbücher von Rem Koolhaas verfilmt?

die Sexualisierung der Architektur vorantreiben
die Sexualisierung der Architektur als Humanisierung der Architektur propagieren

In den Hügeln Hollywoods: Benedikt Taschens Lautner-Haus mit freiem Blick ins Porno-Valley. Bekanntes Flugobjekt. The house where Drew Barrymore was thrown out of the window

Vincent Gallo wrote a song about the young Paris Hilton, Vincent Gallo wrote a song called I Wrote This Song For the Girl Paris Hilton. Was ist aus Vincent Gallo eigentlich geworden? Immer noch beleidigt? In da hood of Chemosphere: Vincent Gallo hat sich in die Hills zurückgezogen und sammelt High-End-Stereoanlagen

der weltweit genial vermarktete Blick aus Benedikt Taschens Lautner-Kanzel über Porno Valley ist der nach Norden ausgerichtete Blick aus Lautners Chemosphere House über das San Fernando Valley bei guter Sicht von Porno-Chatsworth bis Jesus-Burbank, von der Spahn Movie Ranch (vulgo Manson Mansion, Basislager für sämtliche Familienausflüge) über das ganze ausgebreitete Kleinhäuser-Meer bis hinüber zu den Disney-Studios

Die Benennung des Mulholland Drive nach dem legendären Ingenieur und Wasserräuber gleichen Namens ist nur konsequent. Ohne den Wasserräuber und Ingenieur William Mulholland gäbe es die ganze LA-Hollywood-Sause gar nicht. California Water Wars: ohne die Trockenlegung von Owens Lake und Owens Valley würde die ganze verschärfte LA-Sause keine zwei Tage funktionieren. Ein wahres Ingenieurskunststück zum Anfang des zwanzigsten Jahrhunderts: die bestenfalls halblegale Entführung des Wassers der Sierra-Nevada-Gletscher über 360 Kilometer bis in die Halbwüste des Los-Angeles-Beckens. Pools and lawns. Wasser als Statussymbol in der Halbwüste. Los Angeles ohne Schwimming-Pools und Golfplätze: undenkbar. Kalifornien ohne Los Angeles: undenkbar. Die USA ohne Kalifornien: vollkommen undenkbar

stars,
shooting stars

stars shooting stars

Schauspieler
Filmschauspieler (Steigerungsform von Schauspieler)
Hollywood-Schauspieler (Steigerungsform von Filmschauspieler)

sind Hollywood-Filme Filme, in denen Hollywood-Schauspieler mitspielen, oder sind Hollywood-Schauspieler Schauspieler, die in Hollywood-Filmen mitspielen?

sind Hollywood-Filme Filme, die in Hollywood gedreht werden? (Branchenkenner sagen, in Hollywood selbst werden fast keine Filme mehr gedreht)

sind Hollywood-Schauspieler Schauspieler, die in Hollywood wohnen? (Society-Kolumnisten behaupten, die meisten Schauspieler wohnen nicht mehr in Hollywood selbst)

In the twenties landowner Arthur Letts' master plan for the prime acreage he had purchased (first step) in west L.A. was to create a neighborhood of grandiose estates. His son-in-law, Harold Janss, took over the project, which was billed as The Ultimate in Residential Estate Development. Second step: zoning for the community, which down south straddles Sunset Boulevard (accommodate large lot sizes (up to 4 acres). Third step: electric and telephone lines were buried beneath the wide, tree-lined streets to preserve the landscape. Handsome, English-style street lamps, designed exclusively for Holmby Hills, were erected throughout the neighborhood

Thanks to its lush landscaping, enormous lot sizes, and privacy, from the beginning Holmby Hills has attracted the rich and famous

Holmby Hills, Bel-Air, and Beverly Hills form the Golden Triangle of Los Angeles' priciest and most exclusive neighborhoods. Many of the estates in Holmby Hills boast panoramic views of the entire Los Angeles Basin

69 – das Jahr
69 – die Praxis
69 – die Stellung
69 – die Hausnummer

For Adults Only/More Songs For Adults Only. Bis in die Sechziger, heißt es aus zuverlässiger amerikanischer Quelle, seien amerikanische Männer groß geworden in der festen Überzeugung, Frauen könnten in drei Teile gefaltet werden und trügen Heftklammern im Nabel

In den Hollywood Hills, Pazifikblick: The Playboy Mansion. In da hood of Hollywood – Holmby Hills as a rather intimate part of Hollywood Hills (next to Beverly). Makler machen fast allein Politik

Undurchdringliche Hecken, komplett unsichtbare Gebäude, grüne Wände höher als daheim in Grünwald. Vom Halböffentlichen hat sich Hollywood schleichend hierher ins Superprivate verlagert

penthouses, mansions and hustlers

case study: the core family
case study: the rise of sexual liberation
case study: the go-down of family values
case study: the return of family values

Hugh Hefner, aus Chicago kommend (Playboy Mansion East) via San Fernando Valley über das Santa-Monica-Gebirge in die Hollywood Hills (Playboy Mansion West) vorgedrungen

The mansion, das Herrenhaus als solider Herrenwitz in Gothic Tudor Style, very tasteful, sehr geschmackvoll (hatte mir ja naiv-dumm immer etwas mondän Halbmodernes vorgestellt). Das Herrenhaus in den Holmby Hills. Mansion with 22 rooms (current market value estimated 50 Million USD)

die Tennisplätze
das Badehaus
der Wasserfall
die Grotte
der Privatzoo
der Neubau für die Playmates

Abb.: Hugh Hefner and Bunnies in front of Playboy Mansion, Los Angeles, California

(anfangs war der Playboy ein Produkt von Hefner, so Thomas vor der Abreise, heute sei Hefner ein Produkt des Playboy)

Anderes business, anderes Spielzeug. Auch ein Walt Disney baute hier seinen Haustraum als Traumhaus. Im

Park eine dampfbetriebene Eisenbahn-Anlage samt 90 Fuß langem Tunnel. Nachbarn: Gary Bogart und Humphrey Cooper

als die wichtigsten Feiertage in den Hills gelten heute:
– 13. März (Geburtstag von L. Ron Hubbard)
– 9. Mai (Jahrestag der Herausgabe von Hubbards SF-Bibel Dianetik)
– 12. September (Tag des Auditors)
– 7. Oktober (Jahrestag der Gründung der internationalen Vereinigung der Scientologen)

am lohnendsten ist es, hier die Passanten verwarnenden Schilder der privaten Wachfirmen zu fotografieren

everyday like holiday: in an effort to slow traffic in the neighborhood, speed bumps have been installed on several key streets

schnell weg hier, am Ende cruised hier gleich der gruselige Tom Cruise mit seiner strahlenden Märchenbraut um die Ecke

Fig.: Ed Ruscha, Hollywood, Gunpowder and pastel on paper, 1970

Fig.: Ed Ruscha, A Blvd. Called Sunset, Blackberry juice on moire, 1975

Fig.: Ed Ruscha, A Blvd. Called Sunset, Spinach stain on paper, 1975

der Strip

Der Viper Room (seine zyklopische, schwarz gestrichene Fassade sieht bemerkenswert fies aus). Das Whisky-A-Go-Go (dunkelrot mit schwarzen Markisen). Der Rauswurf der Doors aus dem Whisky. Die Unterzeichnung ihres ersten Plattenvertrags im Whisky kurz zuvor

Fig.: Ed Ruscha, The Sunset Strip (Schwab's Pharmacy), Gelatin silver print from altered negative, 1966

Der Sunset Strip. Die einzige Straße, die man zusammenfalten kann. Sunset Strip und Sunset Boulevard. Die geknickte Achse, die immer zielstrebig auf den original pazifischen Santa-Monica-Sonnenuntergang zustrebt. Der Sunset Strip als zentraler Abschnitt des Sunset Boulevard zwischen Hollywood und Beverly Hills

Eines meiner absoluten Lieblingskunstwerke als eines meiner absoluten Lieblingsbücher: Ed Ruschas Every Building at the Sunset Strip, 1966 (Accordion-fold book). Mein Lieblingsbuch ist genauer betrachtet ein Leporello mit Fotos, die Ed Ruscha 1966 vom Sunset Strip gemacht hat. Die Vorderseite des Leporellos zeigt jedes Gebäude des Strips, das an seiner Südseite steht, die Rückseite des Leporellos zeigt jedes Gebäude an dessen Nordseite. Vorder- und Rückseite des Leporellos zeigen die erstaunliche Windigkeit dieser Gebäude an einer der bekanntesten Straßen der Welt – aufgenommen zu einer Zeit, als das Hollywood-Kino noch weit unangefochtener war als heute. (Weitere tolle LA-Klappbücher von unserem Stadtführer Ed Ruscha heißen Twentysix Gasoline Stations, 1963; Thirtyfour Parking Lots in Los Angeles, 1967; Real Estate Opportunities, 1970; Some Los Angeles Appartments, 1965)

case study: formal liberation
case study: formal reduction
case study: new materials

CSH für Case Study House

Bel Air, Pacific Palisades, Beverly Hills, West Hollywood: in den Santa-Monica-Bergen die meisten der legendären Fallstudienhäuser. In den Jahren nach dem zweiten Weltvernichtungskrieg mit materialtechnischen Erkenntnissen aus dem zweiten Weltvernichtungskrieg erbaut. Am Ort der höchsten alliierten Hochrüstung nach dem Krieg mit Erkenntnissen aus dem Flugzeugbau errichtet. Neue Materialien, neue Fertigkeiten, neue Verfahren. Vom Bomber zum modernen Kleinfamilienglück umgestanzt und konvertiert. Ultraleichte Gebäude, die gleich von den Hängen der Küstenvorberge Richtung Pazifik oder Mojavewüste abzuheben scheinen

The Stahl House: sieht von hinten wie eine sachlich-unspektakuläre, metallene Mehrfachgarage aus. Vorne: der materialisierte Glamour

The Stahl House, Case Study House No. 22. Fototermin. Der Architekt (Pierre Koenig) ist sehr aufgebracht, der Fotograf (Julius Shulman in der Rolle von Julius Shulman) ist auch nicht amüsiert: die Baustelle ist noch nicht abgeschlossen, grüne Zweige müssen schnell besorgt werden, ein existierender Garten muss für die Session dringend vorgetäuscht werden, gleich werden die jungen Frauen kommen, um auf den Sitzmöbeln hinter den riesigen Glasfenstern Platz zu nehmen

Das Stahlhaus von Westen: Die berühmtesten Architekturfotos aller Zeiten. Das Stahlhaus hat schon abgehoben, schwebt längst erhaben über dem Häusermeer und allem erniedrigend-lästigen Alltagsbullshit drunten in der notorisch proletarischen Stadt

Tagesansicht
Nachtansicht

Nachts, auf den Anblick endloser, sich verjüngender Lichterketten beschränkt, sieht sogar Mega-Suburbia LA unschlagbar urban aus

Post war housing. Die Case-Study-Häuser, Flachdachbauten alle, Bungalows mit riesigen Fensterfronten fast alle: einige längst abgerissen, andere bis zur Unkenntlichkeit umgebaut, fast alle ihres Kontextes beraubt (Bezug auf die umgebende Landschaft: die Weite, die üppige Vegetation, möglichst ohne Zaun in die offene Landschaft gestellt)

Hat das Schule gemacht? Weltweit eine Weile schon. In Kalifornien ein paar Jahre länger. Aber im Kalifornien der Jahrtausendwende baut kein Mensch mehr so. Allgemeine Massivbau-Renaissance, extraschweres Sport Utility Housing. Von den Santa-Monica-Bergen bis Palm Springs: allgemeine Rückkehr zur Repräsentations- und Sicherheitsarchitektur, Rückkehr zum schweren Dach, Rückkehr zum aus der Wand ausgestanzten Fenster. Rückkehr zur Wagenburg. Am Polarkreis baut man auch nicht viel anders

Eine Hollywoodschaukel (Kategorie Freizeitmöbel) ist eine überdachte und gepolsterte Gartensitzbank, die leicht in Schaukelbewegung versetzt werden kann. Im deutschen Sprachraum ist das Möbel nach der amerikanischen Filmstadt Hollywood, einem Vorort von Los Angeles, benannt. In den USA selbst heißen solche Schaukeln porch swing (Veranda-Schaukel), die Benennung nach dem kalifornischen Hollywood ist in den USA selbst unbekannt

let's get lost
let's defrost
permasex klingt gut

anfangs: das saubere Los Angeles und das verruchte Hollywood
später: das saubere Hollywood und das verruchte San Fernando Valley

sex sells the city
disconnected in San Fernando Valley

North Hollywood klingt besser

sex sells
sex sells sex and other stuff

Fig.: Ed Ruscha, Sand in the Vaseline, Equalized egg yolk on satin, 1974

(begrenzter Handlungsspielraum bedingt Flexibiliät bei der Ortswahl:) die gängigen Drehorte im Valley und den Hills, sagt der Fotograf Larry Sultan, seien derart totgedreht, dass die Produzenten immer mehr dazu übergehen, für den Dreh von Privatleuten Häuser anzumieten

um ihr Haus halten zu können, fragen viele weniger vermögende Alteingesessene nicht lange und vermieten an jeden, der anfragt

andere verdienen sich einfach was dazu oder sind froh um die Abwechslung

Der Fotograf Larry Sultan über seine Arbeit im San Fernando Valley: These are some of the people I've seen who rented out their houses but who stayed for the filming:
- a nuclear physicist with oily skin
- a dentist with two friends standing around
- a burly motorcyclist who collects delicate porcelain figurines and embroideries
- a real estate agent with his pants pulled up too high
- a couple from Germany who spent the afternoon cutting up vegetables for an elaborate dinner that they prepared together

- a day trader with a phone and beeper on his belt
- a single mother with a bedroom filled with male friends waiting to watch a sex scene
- a gay couple who removed all the pillows and cushions from the couch
- an older Swedish woman who showed me pictures from her childhood

die Adult-Film-Akteure, fällt mir auf, sehen auch in vermeintlich unbeobachteten Augenblicken gar nicht überdurchschnittlich unglücklich aus, nicht unglücklicher jedenfalls als andere Arbeitnehmer in anderen Jobs

die Einrichtung der Häuser: retro-repräsentativ bis romantisch verspielt. Viel Deko, viel Wandschmuck. Die Wände schmückt die Art von Kunst, die man in Boutiquen-Galerien recht teuer und second hand recht billig kaufen kann

Abgeschabtes Cover, Stempel: Ugly Dog Records. Looks like California looks like – sieht aus, wie sich Los Angeles selbst am liebsten sah: diese Posen, dieses Posen von Barry White in dieser weiten, hohen, wandlosen Säulenhalle, vor einem riesigen Brunnenbecken, bis vor kurzem dachte ich, es sei ein großer Pool, dieses Posen des Maestro im weißen Zweiteiler im Vordergrund, und im Hintergrund dann all diese vor die Säulen drappierten schwarzen Schönen in weißwallenden Kleidern

Write to Maestro Barry White's Fan Club:
P.O. Box 649, Van Nuys, California, 91408

Barry White sagt: Ich weiß, dass ich mit Liedern weder Kriege in Asien stoppen noch das Rassenproblem lösen kann. Wenn mir aber eine Frau sagt, ihr Mann sei im Bett freier, nachdem er meine Platten gehört hat, macht mich das happy. Lasst mich also meinen kleinen Beitrag dazu leisten, den Krieg im Schlafzimmer zu beenden

Larry Sultans Dank geht an seine Kontaktleute in der lokalen Erwachsenen-Film-Industrie folgender Studios: Mid Valley Studio, West Valley Studio, Vivid Video, Pleasure Productions, Sin City, Wicked Pictures

Mark sagt, Mark's German-American timetable sagt: In 1866 Adolf Pfannenschmidt from Rinteln, Germany, founds a town in California and decides to call it Pfannenschmidtstadt. In fifty years it's sold cheap and renamed Hollywood (in Rinteln, Niedersachsen weiß man davon offensichtlich nichts)

Weiter östlich. Mark in seinem Silverlake-Häuschen. Im Stadtteil Silverlake drehen Mark und Frances einen Film. Frances führt die Videokamera, Mark und seine Band sind die Hauptdarsteller in Frances' Film. Das Häuschen im Grünen. Die überall in das Haus eindringenden exotischen Pflanzen. Die bizarren Formen und Farben der überall in das Haus hineinwuchernden Vegetation. Year of the Writer heißt der Film, den ich sehr mag. Manuskriptblätter im Papierkorb. Ich mag auch Frances' anderen Silverlake-Film Interview With the Tree. Allein schon der Titel! Die tolle Vegetation im

Becken von Los Angeles. Nur der Silbersee selbst ist eine Enttäuschung. Der sonstwie verheißungsvoll klingende See – ein in ein Betonkorsett gefasstes Wasserreservoir

Die Amerikanerin aus Köln. Die in den USA geborene Kölnerin. Der Amerikaner mit seinem ultra-deutschen Nachnamen und irgendwie deutsch-irischen Vorfahren, der kaum ein Wort Deutsch spricht. Mark und sein Rambler. Die Redaktion des Rambler in Marks Häuschen im ultra-Grünen, keine drei Meilen von Downtown LA

in der Nachbarschaft, drei Nummern größer:
VDL für Van der Leeuw (credit an den Gönner)
VDL Research House I (1963 abgebrannt)
VDL Research House II

Erforschung von Baustoffen, Erforschung der Gliederung von Räumen. Zwei Österreicher und ein Schweizer in Kalifornien. Der ganze heilige Forscherernst der neukalifornischen Architekten im frühen Nachkriegskalifornien

Abb.: Hoffnungslos alt aussehendes Auto vor dem Richard-Neutra-Haus am Silverlake (1939)

zu Mark: futuristic houses are looking even more futuristic with contemporary cars standing in front of them

Mobilien/Immobilien, was mich immer wieder umhaut: Vorkriegsautos mit all ihren barocken Rundungen vor Gebäuden der minimalistischen Vorkriegsmoderne sehen noch nostalgischer aus

Gegenfrage: kann es sein, dass man als wirklich altmodisch nur empfindet, was zeitlich vor der eigenen Bewusstwerdung, vor der eigenen, zeitgenössischen Wahrnehmung liegt? Kann es sein, dass es mancher Vorkriegsarchitektur gelang, diesen Automatismus zu unterlaufen, fast allen Autos der Zeit aber nicht?

Ugly Dog Records heißt ein Plattenladen in Form eines sitzenden Hundes am Washington Boulevard in Los Angeles (schade, dass Martin nicht dabei ist, Martin wäre sicher begeistert)

Los Angeles may have the nation's heaviest concentrations of programmatic businesses whose form follows their function. The Tail-o-the-Pub, shaped like the hot dogs it sells, appeared in 1938 on one corner of Beverly Boulevard and moved to another

Fig.: The abondoned Koffee Pot (1932, originally Hot Cha) caf, in Long Beach appeared to be on its last legs in 2005. Note the coffee-pot-shaped clerestory. Fantasy architecture that mirrors a building's function was especially hot in Southern California

Gold, Silber, Kupfer und Zink

auch: Öl

Riesiges Ölfeld mitten in der Stadt – ich fasse es nicht – dachte sowas gibt es nur auf vergilbten Fotos. Von hier, mitten in der Stadt fließt das schwarze Gold in 15 Pipelines direkt zu dem privaten Fuhrpark der Metropole. Hier also haben Howard Hughes und John D. Rockefeller in einer gewaltigen Raffinerie abstraktes schwarzes in konkretes goldenes Gold verwandelt, anonymere Nachfolger tun es mitten in der Stadt noch im heutigen Heute

das Elternhaus der am engsten verwandten Beach Boys abgerissen für den Bau des Century Freeway mitten durch Hawthorne (a monument now stands at the corner of West 119th Street and Kornblum Avenue, the intersection where the house once stood)

winken im Vorbeifahren

Westlich die Stadt, westlich den Großraum verlassen – geht kaum. Die Sache nimmt kein Ende

San Bernadino: der erste McDonald's Kaliforniens als erster McDonald's der USA als erster McDonald's der Welt (der erste McDonald's Deutschlands pünktlich zur Olympiade in München-Obergiesing)

Wann war die Ölkrise? Wann war Sonntagsfahrverbot? Wann kam Kraftwerks Autobahn auf Platz 1 der amerikanischen Charts?

landscapes of preparedness

Fig.: Section of the Practical Combat Range at the LAPD's Police Academy

Fig.: The SIT SIM village at the LAPD's Police Academy, one of the earliest police training villages still in use in Southern California

Fig.: The Situation Simulator Village at the LAPD's Ed Davis facility, the newest of the police training villages in the region

Fig.: Part of the LA Sheriff's shopping plaza, office, and residential prop buildings in the Laser Village, still in use, though officially condemned by the building department

Fig.: Officer-down dummy on the floor, littered with simunition rounds, in the hotel building at Laser Village

Fig.: Simulated rail crossing at the San Bernardino County's Emergency Vehicle Operations Center

SIT SIM für Situation Simulation
LAPD für Los Angeles Police Department
CSTI für California Specialized Training Institute

Landschaften: fotogen

kalifornische Landschaften wie Derby Acres und Belridge

Val Verde (hübscher Name). So muss es im Laurel Canyon vor 40 Jahren ausgesehen haben. Bemerkenswert, dass mein und unser Held James Benning im sehr beschaulichen Val Verde ganz nah an so einer Schnittstelle zwischen herzallerschönster kalifornischer Landschaft und brutalster Totalkapitalisierung ebendieser Landschaft zwei Kilometer weiter wohnt. Offener Bergbau, Vergnügungspark, urbia sub urbia (die dritte Generation). Erstaunlich auch – und sehr kalifornisch, dass der experimentalfilmende LA-Spezialist und Naturfreund Benning ein bekennender Autonarr ist, im Auto ehrlicherweise eine Grundvoraussetzung für sein nomadisches Arbeiten sieht

Fig.: One of the rooms in the meth lab scenario building on the grounds of the CSTI. Interior decorations were done by prisoners from the California Men's Colony across the highway

Rancho Mirage, Cathedral City, Palm Springs und so weiter: die strikte Verweigerung von mehrstöckigen Gebäuden, die strikte Weigerung, in etwas anderem als in einem Einfamilienhaus zu wohnen: bis in die hintersten Canyons, bis in die staubtrockenste Mojavewüste hinein. Prestigeträchtiges Wohnen um Golfplätze gruppiert. Irrwitziger Flächenverbauch und dabei doch wieder wahnsinnig eng. Es riecht nach allerschärfster sozialer Kontrolle, ganze Städte, in denen sich niemand traut, seine Wäsche im Vorgarten zu trocknen

früher: rambler, jetzt McMansion

von den legendären modernistischen Glasbungalows in Palm Springs ist fast nichts mehr zu sehn, teilweise abgerissen, der Rest meterhoch eingewachsen (ursprünglich mitten in die Landschaft hineingebaut, ohne Zaun, übers Schwimmbad hinweg Blick auf Wüste und Berge, dazwischen nur ein paar Kakteen)

Real Estate Subdivisions for Low Cost Housing? Albert Frey, lebt der noch? Lebt der noch hier? Low cost housing?

let's get lucky at Luckyville!

in every dream home a heartache

Privatopia: in gated communities residents accept numerous restrictions to feel secure

moderne Architektur werde von einer tonangebenden Mehrheit als kalt empfunden

die Kernfamilie werde von einer ehemals schweigenden, jetzt wieder tonangebenden Mehrheit zunehmend als letzter Hort der Wärme beschrieben

Ed Ruscha said (1978): In the year 2000 all racecar driving will be taken over by women in 2008 we do know, Ed Ruscha was wrong

Goldbarren statt Augen
statt Dollarzeichen statt Augen

das will ich haben, das hau ich kaputt

Hernán Cortés mit seinen paar hundert Rittern und einigen neu auf dem fremden Kontinent gewonnenen Verbündeten vom später nach ihm benannten Sattel zwischen den beiden Vulkanen Popocatépetl und Iztaccíhuatl auf die prächtige Lagunenstadt im Hochtal von Mexiko hinunterblickend. Der spanische Eroberer mit den ersten Pferden, die das amerikanische Festland je gesehen hat. Cortés mit seinem, in den Augen der Einheimischen, gottgleichen Bart

Tenochtitlán: Platz, wo ein Kaktus auf einem Felsen steht. Tenochtitlán: eine der größten Städte ihrer Zeit, größer als jede Stadt in Europa, größer erst recht als jede Stadt in Spanien. Eine moderne Großstadt, mitten in einem weiten See gelegen, das größere Venedig. Die schönste Stadt ihrer Zeit möglicherweise

B3: Cortez the Killer

Volksfest in Amecameca. Fahrt auf den Cortés-Pass. Übernachten auf der Hütte zur Expressgewöhnung an die große Höhe. Früher Aufbruch zum Popocatépetl mit Arelis Vater am nächsten frühen Morgen. Blick auf Mexiko-Stadt im Hochtal von Mexiko. Blick auf einen riesigen Siedlungssee, verlandetes und dennoch ungeheuer bewegliches Gewässer. Blick auf den gelasseneren Zwillingsvulkan Iztaccíhuatl im Norden des mit Steppengras bewachsenen Passes

Das von dicken Luftwurzeln überwachsene Haus von Cortés in Antigua ein paar Wochen später. Anrührend, winzig, frisch gestrichen: die angeblich erste christliche Kirche auf dem amerikanischen Festland. Poncho weiß ein Lokal gleich um die Ecke. Das Lokal hat keine Wände. Das Lokal ist nur ein Dach (so wie das Cortés-Haus gleich daneben kein Dach mehr hat, sondern nur aus von Luftwurzeln zusammengehaltenen Wänden besteht)

schwer vorzustellen, dass es auf dem amerikanischen Kontinent einmal keine Pferde gab (schwer vorzustellen, dass das nicht besonders lange her ist), schwer sich vorzustellen, dass von diesem Nest am Golf aus die Eroberung losging

Ferdinand V. (1513), Dekret, die Stadtneugründungen in den neuen Kolonien betreffend: Die Grundstücke der Städte sollen von Anfang an regelmäßig sein, damit die Stadt, sobald ihr Territorium markiert ist, auch hinsichtlich der Lage der plaza und der Kirche sowie der Straßenfolge wohl geordnet erscheinen möge; denn an neu gegründeten Orten lässt sich von vorneherein Ordnung schaffen, und diese kann ohne zusätzliche Kosten aufrechterhalten werden. Sonst wird nämlich nie Ordnung herrschen

Die winzig geschrumpften Kirchen im Kolonialstil zwischen modernen Hochhäusern und Hochbauten – erdgraue Aliens, nicht nur aus einer anderen Zeit. März, alles blüht, die ganze Stadt blüht in den allerschreiendsten Farben. Fassadenpracht auch. Blütenpracht: sowieso. Der Turmblick (nicht zu öffnendes Fenster) am ersten Morgen auf Fläche und Profil einer Stadt. Unten am

Fuß des Gebäude-Canyons: ein gelber Hund, leicht stilisiert – und zirka sechs Stockwerke hoch. Grüne Käfer, gelbe Käfer, eine gewaltige Käfersammlung, eine gewaltige Armada von im benachbarten Puebla gebauten Käfer-Taxis, irgendwo muss hier ein Nest sein

Mexiko, der Staat
Mexiko, die Stadt

Sus kehrt in das Land und an den Ort ihrer lange nur imaginierten Kindheit zurück (was plötzlich kommt, war schon eine Weile geplant)

Ciudad de México
Mexiko, der föderale Distrikt
MDF für México de federal

Areli sagt DF
Areli spricht: de effe
sagt DF und meint die Stadt, aus der sie kommt

die Stadt, in die sie zurückkommt. Anlass: ihre eigene Hochzeit

Philip II. (1573), Dekret, die Ausrichtung der städtischen Hauptplätze betreffend: die vier Ecken der plaza sollen in die vier Himmelsrichtungen weisen, weil so die von der plaza abzweigenden Straßen nicht den vier Hauptwinden ausgesetzt werden

(länger nichts mehr davon gehört: Projekt, riesige Rotoren an den Stadtrand zu stellen, die den Smog aus der Stadt in die Hochebene blasen)

Héctor als bestdenkbarer Stadtführer von allen
(die Braut muss sich auf ihre Hochzeit vorbereiten)

Der Zócalo, Riesenplatz samt, mittig aufgepflanzt, der größten Fahne, die ich je zu sehen bekam. Riesenflagge, die so groß ist, dass sie selbstverständlich jeden Tag eingeholt und, noch viel wichtiger: jeden Tag wieder neu gehisst werden muss (Zeremonien, die Nationen zusammenhalten sollen)

Der Zócalo, die plaza, als Maßstab. Der Zócalo als riesiger städtischer Platz, fast zwei Nummern zu groß, wüssten die Stadtbewohner nicht ständig neue Gründe, ihn komplett in Beschlag zu nehmen. (Diese Stadt ist wie nur wenige andere groß genug für so einen übertrieben großen Platz.) Mexikos seltsame, seltsam oft auch funktionierende Mischung aus großem Maßstab und großer Enge

der Moloch (Begriff, ohne den kein Reiseführer auskommt)

heute zählt Mexiko-Stadt so viele Einwohner wie Österreich und Kuba zusammen

die Stadt: je größer, desto Moloch
(Mexico City als Inbegriff)

wenn Mexiko-Stadt ein Moloch ist, dann habe ich mir was Schlimmeres darunter vorgestellt

Smog town: angeblich sieht man vom Zentrum aus die Vulkane fast nie. In den Tagen der Vorbereitung von Arelis Hochzeit sahen wir die Vulkane fast immer. (Angeblich ist nicht immer Frühjahr)

In den Sechzigerjahren, als Sus dort wohnte, galt MDF noch als staatlich anerkannter Luftkurort. (Diese Zeiten sind jetzt angeblich vorbei)

Moloch, der im Verkehr erstickt. Kann es sein, dass Verkehrspolizistinnen hier trotzdem attraktiver als anderswo sind? Kann es sein, dass Verkehrspolizistinnen hier so attraktiv sind wie sonst nur in Rom?

New York in Mexiko-Stadt: die von Osten nach Westen verlaufenden Straßen werden im Zentrum Avenidas, die nord-südlich verlaufenden Straßen werden Calles genannt. Avenidas und Calles sind durchnummeriert. Avenues and Streets. MDF als Vorbild für Manhattan

Stadt ohne Ende: wenn nichts endlos ist, dann besteht diese Stadt aus endlich vielen Gebäuden. Wenn nichts endlos ist, dann besteht auch Mexico City aus endlich vielen Gebäuden in endlich vielen Straßen. Wenn nichts endlos ist, dann wohnen in diesen Straßen endlich viele Menschen (tatsächlich kommen zur Bevölkerung von Mexico City stündlich 30 Einwohner, kommt alle zwei Minuten ein neuer Einwohner hinzu)

Stadt ohne Auftrag: zur Bevölkerung von Bangladesh City kommt minütlich ein Einwohner dazu

Stadtteile, die jeder kennt
Stadtteile, die keiner kennt

die Stadt vor lauter Häusern nicht
die Häuser vor lauter Hütten nicht

Stadtteile, die niemand kennt, außer denen, die dort leben

Namen wie: Nezahualcóyotl

Vorstädte, die allein größer sind als München, Vorstädte, in die niemand fährt außer denen, die dort wohnen

Die endlos in Richtung der beiden großen Vulkane sich östlich hinziehenden, sich um kleinere Satellitenvulkane herumwindenden Vorstädte, schon auf schiefer Ebene, schon zum Cortés-Pass hin leicht ansteigend, endlose Fluchten oft ungeteerter, mit dem Lineal gezogener Straßen mit dichtester, selten mehr als zweistöckiger Bebauung links und rechts von Schnellstraßen, die ganz woanders hinführen

Kassettenkaufen in den Busbahnhöfen von Mexico City. Der Tonträger der Nation, ganz klar, ist die Kassette. Die tollsten Aufnahmen gibt es im Jahr 1993 nur auf Kassette

Riesige Busterminals statt Eisenbahnbahnhöfe. Was in Europa die großen Sackbahnhöfe der verschiedenen Haupteisenbahnstrecken sind, die einen in die verschiedenen Himmelsrichtungen und Landesteile befördern, sind hier die innen mehr wie Flughäfen aussehenden Busterminals (die meisten Zugstrecken, weiß Héctor, wurden während der mexikanischen Revolution zerstört, die meisten danach nie mehr instand gesetzt)

wusste gar nicht mehr, dass auch Busfahren toll sein kann

Destination: Volkswagen
da steht einfach nur Volkswagen
wir wollen nach Puebla

außen um die Rundhalle, angedockt unter Vordächern:
all die Greyhound-Busse mit ihren schrägen Fenstern

wir wollen nach Jalapa

all die tollen abgelegten Greyhound-Busse, die man in den USA schon seit Jahren nicht mehr sieht

wir wollen nach Morelia

Luxusbusse
Komfortbusse

alle Mittel- und Langstreckenbusse mit Fernsehern, in langer Reihe über jeder dritten Sitzreihe

Feststellung, praktischer Hinweis: je teurer die Busse, umso mehr Geschäftsreisende, umso eher sind alle Vorhänge zugezogen, umso eher muss man um sein Stückchen aufgezogenen Vorhang kämpfen, durch den Licht in das Innere des Busses fallen könnte, Licht, das einen vom Schlafen abhalten könnte oder das Fernsehbild stört. In diesen zu teuren Bussen fährt man tagsüber mit zugezogenen Vorhängen durch die wahnwitzigsten Landschaften und hält es kaum aus, nur durch seinen einen, direkt benachbarten Vorhangschlitz in die grelle Landschaft schauen zu können

bei normalen Bussen die Fahrtziele immer mit weißer Farbe direkt auf die Windschutzscheibe geschrieben

im Zweifelsfall immer in die allergewöhnlichsten Busse steigen!

Busreise nach Cholula, Busreise von Morelia, weiter zum Paricutín

Fotoserie: die immer gelb gestrichenen Autowerkstätten – zuverlässig an jeder Fernstrecke gelegen – eine amerikanische Schmierölfirma stiftet die strapazierfähige Farbe

Pässe rauf und Pässe wieder runter

Feststellung, praktischer Hinweis: je größer und zahlreicher die Madonnen, desto gefährlicher womöglich der Bus! Kaum ein Bus ohne einen Madonnenaltar vorne an der Windschutzscheibe. Je größer und zahlreicher die Madonnen, desto halsbrecherischer der Fahrer! Bloß nicht, dachte ich insgeheim, in einen mit zu vielen Madonnen geschmückten Bus einsteigen! La Virgen de Guadalupe – eine mag hilfreich sein, zu viele stehen sich bei ihrer Arbeit am Ende gegenseitig im Weg. Kleine Madonnenaltäre auch an den Ausfahrtsschleusen der Busbahnhöfe

Es gibt eine moderne Version des Postkutschenüberfalls. Busse mit zerschossenen Scheiben mit Fahrtzielen in abgelegeneren Regionen. Wer das weiß, fährt womöglich nicht zum Paricutín – und versäumt viel

aztekische Architektur (der Sockel einer Tempelanlage)
koloniale Architektur (die doppeltürmige Barockkirche)
moderne Architektur (die den Platz einfassende Blockbebauung)

Plaza de las Tres Culturas, Tlatelolco, Ciudad de México
Platz der drei Kulturen, Tlatelolco, Mexiko-Stadt

symbolisches Bauen: christliche Kirchen auf eroberte, zu Klump gehauene Tempel draufpflanzen

Platz auch des Massakers von Tlatelolco
Plaza de la Matanza de Tlatelolco

das postmoderne Blutbad von Tlatelolco: Spezialeinheiten der Armee, die aus Wohnblocks herunter auf demonstrierende Studenten schießen, Scharfschützen eines sogenannten Olympiabataillons, die unter anderem aus der Wohnung der Schwägerin des Innenministers herausschießend für Ruhe vor den unmittelbar bevorstehenden Olympischen Spielen sorgen

Mexico City 1968, this was also the olympics in which Tommie Smith and John Carlos protested against the treatment of black people in the USA by performing a black power salute during the medal ceremony for the 200m-competition

die Hochzeit
die Vorbereitung der Hochzeit
die Vorbereitung der Hochzeit im Elternhaus der Braut
das Eintreffen des Bräutigams

Einkauf auf dem Hauptmarkt, Türme aus kunstvoll aufgeschichteten Kakteenblättern, Türme aus Tortilla-Fladen, alles in etwas größeren Dimensionen

der Blick vom Dach des Elternhauses auf die Stadt, der Blick vom Dach des Elternhauses über die Stadt auf die Vulkane

Das in den Sechzigern noch eher unbekannte Frida-Kahlo-Haus als beliebtes Ausflugsziel von Sus und Babette, abenteuerlicher, bunter Kinderspielplatz fast ohne alle Schranken. Das Stalin-Porträt dort auf der Staffelei noch drei Jahrzehnte später. War nicht zweimal von Stalin-Leuten ein Mordanschlag auf Kahlos früheren Geliebten Trotzki ausgeübt worden – im Haus, das sie ihm geschenkt hatte –, der letzte ziemlich erfolgreich? Danach soll Frida Kahlo noch die Nerven gehabt haben, ein neutral-freundliches Stalin-Porträt zu malen – als eines ihrer letzten Bilder? Viele Straßen weiter: das Doppel-Atelierhaus, das Frida Kahlo mit ihrem wiederholten Ehemann Diego Rivera teilte. Reinster und gelungenster Funktionalismus, der Beginn der Baumoderne in Mexiko. Das große Ateliergebäude (in Rot und Weiß, eher streng), ein wesentlich kleineres gleich daneben (in Blau, lichter und freundlicher). Schmaler Steg auf Dachebene zwischen beiden autonomen Gebäuden; Schiffsreling-Geländer. Das große Ateliergebäude sieht wirklich wie eine kleine, dreistöckige Fabrik aus: Fensterbänder, Sheddach, Dachaufbauten

Tatsächlich: zur Straße hin der tolle Kakteenzaun. Aufgereihte Säulenkakteen bilden einen stacheligen, grünen Zaun

Ein paar Straßen weiter das zweite Haus von Sus' Familie nach dem Umzug aus dem Satellitenstadtteil Satélite. Eine Straße weiter: die Hochzeitskirche von Areli und Martino

auf dem Weg, auf den Wegen, zu Fuß oder mit dem Microbus (die U-Bahn fährt auch hier im Dunklen): viel gelungene moderne Architektur, die einfach so selbstverständlich unspektakulär in der Stadt herumsteht und in keinem beflissenen Führer je auftaucht und je auftauchen wird

Fig.: Eight-story frame structure with brick infill walls broken in two. The foundation also came off

Der Torre als der Veteran unter den Hochhäusern. Der Torre Latino Americano hat zwei große und zahllose kleinere Erdbeben überstanden

der Sumpfboden des ehemaligen Seebeckens kommt bei Beben besonders leicht ins Wackeln

The Satélite Towers (Torres de Satélite) are located in Satellite City (Ciudad Satélite), a middle class zone, in the northern part of Naucalpan, Mexico City. One of the country's first urban sculptures of great dimensions, had its planning started in 1957 with the ideas of renowned Mexican architect Luis Barragán, painter Jesús Reyes Ferreira and sculpturer Mathias Goeritz. The project was originally planned to be composed of seven towers, with the tallest one reaching a height of 200 meters (about 650 feet), but a budget reduction forced the design to be composed of only five towers, with the tallest measuring 52 meters (170 feet) and the shortest 30 meters (98 feet)

Goeritz originally wanted the towers to be painted in different shades of orange, but changed his mind later due to some pressure from constructors and investors. It was finally decided the towers would be painted in red, blue, yellow and white. In the first days of March 1958, the Satélite Towers were inaugurated as the symbol of the newborn and modern Ciudad Satélite

In einen der fünf Türme konnte man früher unten rein. Als Sus' Familie 1964 nach Mexiko-Stadt in den neu entstehenden Stadtteil Satélite zog, erzählt ihr Vater, erzählt Klaus, stand in einem der hohlen Türme unten eine Tür immer offen. Keine Treppe – die Tür führte nur in einen unabschätzbar hohen Innenraum. Der Blick vom gemieteten Haus der Familie über die Türme auf die Innenstadt. Im fernen Hintergrund links die Vulkane

Abb.: Luis Barragáns Cuadra San Cristobál, Los Clubes, Mexiko 1968

Nächste Olympiade, 1972, Deutschland. Zur Olympiade 1972 in München wird der Mitschöpfer der Satélite-Türme Mathias Goeritz eingeladen, am Austragungsort an mehreren Stellen Großskulpturen zu errichten

In Weiterentwicklung der Satélite-Türme entwirft der Bildhauer deutsch-jüdischer Abstammung große Turmgruppen, die an den Autobahneinfahrten in die zukünftige Olympiastadt stehen sollen. Das Projekt wird abgelehnt, der Bezug auf die Olympiade sei zu indirekt. Ebenfalls abgelehnt: die Olympia-Entwürfe von Walter De Maria und von Andy Warhol will man in München ebenso wenig haben. (Zu zeitgenössische Kunst soll nicht in Konkurrenz zu der gebauten Zeltdach-Moderne treten)

Spiele, Blutbad, Abschlussfeier. Rechtzeitig zur nächsten Olympiade und doch Zufall: 1972 zieht Sus' Familie, zieht Familie Eid aus Mexiko wieder zurück nach Deutschland. München, mehrere Umzüge

Köln am Rhein oder andere deutsche Städte am deutschesten aller deutschen Flüsse

Birgit? Mark? Kann mir irgendwer erklären, was es mit dem Kult um das eigentlich winzige Belgische Viertel auf sich hat?

Köln-Kompakt-Kompilation, rührend ausgeprägter Lokalstolz. Die Cover-Abbildung dieser Elektronik-Werkschau mit der Silhouette von Köln samt Dom, Fernsehturm und zwei anderen Türmen, die mir nichts sagen. Das Booklet mit Dom-Logo und dann das Foto: Brabanter Straße, Ecke Antwerpener Straße, Foto um 1890

Wohlfühlbahnhof klingt gut. Aus dem frisch aufgemöbelten Kölner Hauptbahnhof herausgetreten, stolpert man, stolpere ich quasi die breiten Stufen zur recht passend so genannten Domplatte hinauf. Der nach mittelalterlichen Plänen angefangene und Jahrhunderte später nach den gleichen Plänen fertig gebaute Kölner Dom, hübsche Idee, wird einem seit Ende der Sechzigerjahre quasi auf einem Tablett serviert

German Rome: unter der Domplatte liegt die Domgarage mit Fragmenten der römischen Stadtmauer und einem frühchristlichen Babtisterium dahinter, und irgendwie gibt es da auch noch so einen Straßentunnel, von dem ich nicht recht weiß

Die Domplatte wurde 2006 in der ZDF-Reihe Unsere Besten zum beliebtesten Ort in Deutschland gekürt

dasissesalso/dasalsoisses: jetzt bist du angekommen!

Die den Anfang des zwanzigsten Jahrhunderts abgegrabenen Domhügel ersetzende Platte trägt ein 1248 begonnenes (erste Grundsteinlegung) und 1880 (Grundsteinlegung für den Weiterbau: 1842) vollendetes Gebäude. Jahrhundertelang nur Abbildungen mit dem riesigen Kran auf dem Dach. Inzwischen waren 632 Jahre vergangen. Inzwischen hatten mehrmals die Baustile gewechselt. Inzwischen waren zahllose Kriege verloren, gewonnen, entschieden. Passt schon: gotischer Dom in der Epoche des Historismus als Symbol deutscher Größe fertiggestellt. (Der sich als Geldgeber fühlende Kaiser wollte gleich neben dem Dom aus einem neu zu errichtenden Hauptbahnhof aussteigen können)

Bayernfenster (südliches Seitenschiff)
Richterfenster (Südquerhausfenster)

das heilige
das katholische
das heilig-römisch-katholische Köln, das nie richtig, das nie gerne preußisch war

Sancta Colonia Dei Gratia Romanae Ecclesiae Fidelis Filia – Heiliges Köln von Gottes Gnaden, der römischen Kirche getreue Tochter

Kritik Kardinal Joachim Meisners, Kölner Erzbischof (und eigentlicher Domherr) an Gerhard Richters im Kölner Dom neu installiertem Kunstwerk: Das Fenster passt nicht in den Dom. Es passt eher in eine Moschee oder ein Gebetshaus

Ein paar Tage später (Mitte September 2007), in scheinbar anderem Zusammenhang: Dort, wo die Kultur vom Kultus, von der Gottesverehrung abgekoppelt wird, erstarrt der Kultus im Ritualismus, und die Kultur entartet. Sie verliert ihre Mitte

Die schönsten Menschenbilder Europas aber seien Bilder von Christus, Maria und den Heiligen. Hier leuchte etwas auf von dem innersten Wesen des Menschen

(der aus der evangelischen Kirche ausgetretene Richter selbst sieht sich als Atheist mit Hang zum Katholizismus)

erst mal was trinken, erst mal ein Kölsch

Brauhaus Päffgen sagt (Selbstdarstellung): Der Nabel der Welt ist Köln. Der Mittelpunkt von Köln ist das Brauhaus Päffgen, und der Nabel der Gaststätte ist der Beichtstuhl mit seinem Thekenschaf. Von seinem Beichtstuhl aus hat das Thekenschaf den Überblick, der darin besteht, für die Gäste ansprechbar zu sein, die Köbesse unter Kontrolle zu halten und den Bierausschank zu kontrollieren. Der Blick zwischen dem Thekenschaf und den Fässern muss daher immer frei sein

ich verstehe nur Bahnhof, taxiere Raum und Gäste, und schon kommt das Getränk

jedenfalls (merken!):
in Aachen und Köln: Alaaf
in Düsseldorf, Münster und Mainz: Helau

jeder Jeck ist anders

Mainz wie es singt
Mainz wie es lacht
Mainz wie es singt und lacht

Aachen wie es singt
Aachen wie es lacht
Aachen wie es singt und lacht

Köln wie es singt
Köln wie es lacht
Köln wie es singt und lacht

Willy Millowitsch sagt: Jedenfalls sind die Kölner noch jecker als die Düsseldorfer

der Spiegel über Willy Millowitsch: Wo er nicht ist, ist nichts

ob hier der Kellner weiß, ob Nico, ob Christa Päffgen irgend etwas mit dem Brauhaus zu tun hat?

Köln-Zollstock
Köln-Nippes
Köln-Bilderstöckchen
Köln-Longerich

das ist Köln:
Doppelturmtorburgen
Turmtorburgen
Doppelturmpforten

Die Zerstörung der Kölner Rheinbrücken a. durch fremde, b. durch eigene Truppen. Die Rheinbrücken als deutscheste unter den deutschen Brücken. Köln-Deutz: das gegenüberliegende Ufer

Kölner Brückengrün, auch Kölner Grün (Adenauer-Grün) bezeichnet die Farbe Chromoxidgrün und gilt als besonders lichtbeständig und wetterfest

das Problem ist: wenn RTL 2008 nach Köln-Deutz umzieht, liegt der Haupteingang des Senders im Niemandsland auf der nördlichen Seite der Messehallen

Über den Namen des noch unbenannten Vorplatzes entscheidet am 19. Januar die zuständige Bezirksvertretung Innenstadt. Seitens der Kölner Stadtverwaltung liegt ihr der Benennungsvorschlag Am Medienufer vor. RTL aber hat Besseres verdient. Comcologne bat deshalb seine Leserinnen und Leser um andere Vorschläge: Von den zahlreichen Einsendungen hat die Jury die Idee von Stadthistorikerin Irene Franken überzeugt, die Freifläche Christa-Päffgen-Platz zu taufen: der Name klingt kölsch, hat aber den internationalen Sound

Christa Päffgen, Künstlerin aus Köln, machte als Nico in den 60er bis 80er Jahren des letzten Jahrhunderts weltweit Karriere als Model, Sängerin und Darstellerin. In Paris war sie für Coco Chanel auf dem Catwalk, in Rom für Federico Fellini vor der Kamera, in London nahm sie ihre erste Platte auf dem Label von Rolling-Stones-Manager Loog Oldham auf, in New York sang sie mit Lou Reed und John Cale bei Velvet Underground. Zu ihren Förderern gehörten unter anderem Bob Dylan und Andy Warhol. Bezüge und Erinnerungen aus der globalen Geschichte von Pop, Film und Multimedia – wie gemacht für Deutschlands führendes Entertainment-Haus: Der Christa-Päffgen-Platz wäre für RTL eine gute Adresse

Du kannst den Kommentaren zu diesem Eintrag durch den RSS-Feed folgen. Du kannst den Eintrag kommentieren oder einen Trackback von deiner eigenen Seite machen

Coco Chanel: Wahnsinn!
Glanz für Nico!
Chanel-Glanz für RTL!
endlich ein Platz für ein Chanel-Model – echt sowas von geil

home is, where the page is

(gewisse Ortlosigkeit auch)

God Bless My Server
God Bless This Acid House
God Bless Cologne

Betreff: Neues Rechenzentrum von Host Europe geht ans Netz

Von: newsletter@hosteurope.de
Datum: 13. Juni 2007, 06:38:09 MESZ

Nach einer Bauzeit von nur sieben Monaten haben wir unser neues Rechenzentrum am Standort Köln in Betrieb genommen. Auf einer Grundfläche von 2500 qm bieten wir hier künftig Platz für rund 18000 Server

Das Rechenzentrum wurde nach neuesten technologischen und ökologischen Gesichtspunkten errichtet und beeindruckt im Vergleich zu Rechenzentren herkömmlicher Bauweise mit einer bis zu 30 Prozent höheren Energieeffizienz

Maximale Sicherheit und Zuverlässigkeit

Neben der Energieeffizienz wurde vor allem großer Wert auf die Sicherheit und Zuverlässigkeit des Rechenzentrums gelegt. Sowohl die Stromversorgung als auch die Netzwerkanbindung sind redundant aufgebaut, so dass selbst bei einem längeren Ausfall einer Anbindung der Betrieb der Server unterbrechungsfrei gewährleistet ist

Optimalen Feuerschutz leisten eine Argon-Feuerbekämpfungsanlage, ein Feuerfrühmeldesystem mit einer direkten Aufschaltung zur Feuerwehr sowie eine hauseigene Brandmeldezentrale mit 24/7-Überwachung durch das Gebäudemanagement

Personenbezogene Zutrittskontrolle, Kameraüberwachung, redundante Speicherung der Zutrittsprotokolle, eigenes Personal rund um die Uhr vor Ort sowie ein sicheres Schließsystem garantieren zudem bestmögliche Sicherheit Ihrer Server und Daten

weitere features:

- 2.500 qm Bürofläche im 1. OG
- Anbindung an multiredundanten, carrierneutralen 16-Gbit-Internet-Backbone
- Drei Diesel-Notstrom-Aggregate mit je 2.000 KVA Leistung in der Endausbaustufe
- n+1 USV (Unterbrechungsfreie Notstromversorgung)
- Redundante Stromzuführung
- n+1 Klimatisierung

Wörter wie:
Donut-Effekt
Schurkenstadt
architainment
carchitecture
Wohnkompetenz
Lichthygiene